Die schönsten
Blüten-
Wanderungen
in Oberbayern & Tirol

Michael Reimer

frischluft | EDITION

N achdem uns die Recherche für den ersten Band „Die schönsten Blüten-Wanderungen in Oberbayern" im Jahr 2010 so viel Freude bereitet hatte, litten wir in der Folgezeit fast unter „Entzugserscheinungen"! Natürlich hielten wir bei diversen Bergwanderungen oder Radtouren auch ohne konkreten „Buchauftrag" Ausschau nach wohlbekannten und neu zu entdeckenden Blumen. Aber für Blüten-Erkundungstouren benötigt man viel Zeit und Muße, die man sich im Alltag viel zu selten nimmt.

Grund genug, uns einfach einen Folgeauftrag zu diesem spannenden Thema zu erteilen. Spannend deshalb, weil es bei jeder Wanderung vollkommen offen ist, welche Blüten man antrifft und ob man wieder neue, überraschende Entdeckungen macht. Statt nur vom Ausgangs- bis zum Endpunkt sein anvisiertes Tagespensum zu absolvieren, hält man unterwegs stets die Augen offen und freut sich über schöne Details – neben Blumen können z. B. ja auch Gräser, Bäume, Wurzeln oder Steine begeistern! – am Wegesrand.

Auf diese Weise schärfen wir unsere Sinne für die Natur, welche auf menschliche Eingriffe so empfindlich reagiert. Einerseits ist es faszinierend, wie wertvolle Landschaftsbiotope in unmittelbarer Nachbarschaft von Autobahn und Industrie existieren können (Beispiel Fröttmaninger Heide, siehe Tour 40!). Andererseits drohen wichtige Refugien wie Heiden, Streuwiesen und Moore mit einer Vielzahl geschützter Pflanzen durch den Eingriff des Menschen von der Bildfläche zu verschwinden. Deshalb möchten wir mit diesem Buch auch das Bewusstsein für den Natur- und Umweltschutz schärfen. Denn wie heißt es so schön: „Nur was man kennt, kann man schätzen. Und nur was man schätzt, wird man schützen".

Nun also 40 neue Blüten-Wanderungen unterschiedlichen Anspruchs in Oberbayern und Tirol. Neben einfachen Spaziergängen und kurzen Wanderungen geht es dieses Mal auch in das alpine Hochgebirge – am Zischgeles (Tour 31) und am Hohen Riffler (Tour 34) überschreiten wir sogar die 3000-Meter-Grenze! Weil es faszinierend ist, welch Blütenpracht sich selbst in vermeintlich lebensfeindlichen Klimazonen entfalten kann! Wie in unserem ersten Band stellen wir pro Tour nicht nur ein bis zwei „Blüten des Tages" in den Mittelpunkt, sondern listen auch die wichtigsten „Blumen am Weg" in unserem Infokasten auf. Zur leichteren Identifizierung bilden wir im Innenteil rund 250 Blumen in „Blütensträußen" ab und fassen sie im Foto-Index (S. 158) in alphabetischer Reihenfolge zusammen. Dies ersetzt jedoch kein Blütenbestimmungsbuch, das sich der zur Vertiefung neigende Blütenfreund als Sekundärliteratur zulegen sollte.

In jedem Fall wünschen wir wieder viele erlebnisreiche Blüten-Begegnungen. Und möchten uns bei der Gelegenheit auch herzlich für die wohlwollenden und produktiven Zuschriften unserer LeserInnen zu unserem ersten Band bedanken! Einige sehr gute Blüten-Wandertipps haben wir in dieses Buch aufgenommen.

Katrin Baur und Michael Reimer

Die Schneerose läutet das Blütenjahr ein, dann folgen neben der Obstblüte (Birne) u.a. prachtvolle Knabenkräuter und Frauenschuhe.

März/April			BLÜTE(N) DES TAGES	
1	Windach	Windachtal	Frühlings-Knotenblume	10
2	Klais	Geroldsee	Frühlings-Krokus	12
3	Hirschberg	Pähler Schlucht	Wiesen-Schlüsselblume	14
4	Schneeberg	Pendling	Schneerose	16
5	Samerberg	Heuberg	Hohler Lerchensporn	20
6	Vagen	Rundweg	Kultur-Birne	22
7	Jachenau	Rabenkopf	Alpen-Aurikel	25
Mai				
8	Großseeham	Seehamer See	Fieberklee, Kuckucks-Lichtnelke	34
9	Bad Feilnbach	Mitterberg	Mehlprimel	38
10	Eschenlohe	Pfrühlmoos	Maiglöckchen	41
11	Unterlaus	Kupferbachtal	Echte Brunnenkresse	44
12	Grattenbach	Zinnenberg	Buchsbl. Kreuzblume, Frühlings-Enzian	46
13	Schleching	Oberauerbrunstalm	Herzblättrige Kugelblume	50
14	Landl	Glemmbachklamm	Gewöhnliches Fettkraut	52
15	Wildbad Kreuth	Bayerischer Schinder	Steinröschen	55
Juni				
16	Erling	Mesnerbichl	Berghähnlein	64
17	Erlerberg	Trockenbachtal	Gelber Frauenschuh	67
18	Goglalm	Spitzsteinwand	Pfingstrose	70
19	Griesen	Friedergries	Schlauch-Enzian	73
20	Kochel am See	Loisach-Kochelsee-Moor	Sibirische Schwertlilie	76
21	Andechs	Streuwiese	Feuerlilie, Klebriger Lein	78
22	Berwang	Vordere Suwaldspitze und Hönig	Alpen-Kuhschelle, Strauß-Glockenblume	81
23	Kufstein	Petersköpfl	Dunkler Mauerpfeffer	86
24	Scharnitz	Zäunlkopf	Fliegen-Ragwurz, Schnee-Hainsimse	89

Verantwortung zeigen!

Naturbewusste Bergwanderer haben die Regel längst verinnerlicht, ausgewiesene Wege und Pfade nicht zu verlassen, um die empfindliche Hangvegetation nicht zu zerstören. Denn je mehr Trampelpfade als Abschneider durch das Gelände ziehen, desto hemmungsloser schwemmt etwaiger Starkregen, der im erodierten Boden nicht mehr versickern kann, alles an Gras und Gestein mit sich, was er greifen kann; Murenabgänge sind die Folge!

Auch die alpine Bergflora leidet massiv unter unachtsamen „Naturfreunden". Viele der in diesem Blüten-Wanderführer vorgestellten Blumen stehen unter strengem Naturschutz und sind zum Teil nur noch sehr regional anzutreffen. Das seltene Kohlröschen etwa ist leicht zu übersehen und droht bei einer willkürlichen Wiesenquerung achtlos zertrampelt zu werden. Abgesehen davon muss man vor der schwarzen Höllenotter – eine Unterart der giftigen Kreuzotter

– auf der Hut sein, der wir im Frühsommer im Schnitt bei immerhin jeder dritten Wanderung unmittelbar am Wegesrand begegnet sind.

Noch fataler ist es, die Blumen respektlos zu pflücken. Wenn man weiß, dass der Gelbe Frauenschuh – die Vorzeige-Orchidee unserer Breitengrade! – 16 Jahre benötigt, um erstmals zu erblühen, blutet einem beim Anblick gekappter Blüten in freier Wildbahn das Herz. Zudem sind ausgegrabene Pflanzen-Trophäen in heimischen Beeten ohnehin zum Tod verurteilt. Jeder Wanderer trägt eine hohe Verantwortung, die großartige Flora für nachfolgende Generationen zu erhalten!

Auch im Flachland ist die Flora durch zunehmende Trockenlegung von Mooren und Feuchtgebieten auf dem Rückzug. Die Standort-Zerstörung des Menschen durch Baumaßnahmen sowie land- und forstwirtschaftliche Nutzung tragen zum Artenrückgang bei und sind meist

irreversibel. Umso wichtiger ist es, dass der Wanderer vor allem in den ausgewiesenen Naturschutzgebieten achtsam unterwegs ist. Viele Blüten offenbaren ihre Schönheit unmittelbar am Wegesrand, sodass ein gelungenes Foto als Trophäe genügen muss!

Piktogramme für unsere „Blüten des Tages"

✳ Pflanze relativ häufig, jedoch trotzdem nicht pflücken!

✳ Pflanze relativ selten und geschützt!

✳ Pflanze vom Aussterben bedroht und sehr selten!

Ⓗ Heilpflanze

☠ Pflanze giftig

✳ Fundorte auf der Wanderkarte

Unser
„März-April-
Blütenstrauß"...

1 Buschwindröschen (III–V)	**12** Wiesen-Schlüsselblume (IV–V)
2 Wald-Sauerklee (IV–V)	**13** Hohe Schlüsselblume (III–V)
3 Schneerose (XII–IV)	**14** Alpen-Aurikel (IV–VI)
4 Weiches Lungenkraut (IV–V)	**15** Buchsblättrige Kreuzblume
5 Wald-Veilchen (III–V)	(IV–VI)
6 Kleines Immergrün (IV–V)	**16** Huflattich (III–IV)
7 Kleines Schneeglöckchen (II–III)	**17** Echtes Alpenglöckchen (IV–VII)
8 Frühlings-Knotenblume (II–IV)	**18** Frühlings-Krokus (III–V)
9 Gewöhnlicher Seidelbast (III–IV)	**19** Nacktstängelige Kugelblume (IV–VI)
10 Schneeheide (III–IV)	**20** Frühlings-Enzian (III–VIII)
11 Hohler Lerchensporn (III–V)	**21** Stängelloser Kalk-Enzian (IV–VIII)

Frühlingsbote Märzenbecher

Wenn die Frühlings-Knotenblume die feuchten Uferböden im Windachtal mit einem üppig-weißen Blütenteppich überzieht, ist das Frühjahr eingeläutet. Nicht umsonst heißt die grazile Blume auch „Märzenbecher": Während der ersten Wärmeperiode im März kommt es in der Regel zu einer wahren Blütenexplosion! Und der Begriff „läuten" passt zu der glockenartigen Erscheinung der Blüte, die aus sechs weißen mit einem grünen Fleck dekorierten Blättern besteht. Dieses Merkmal unterscheidet den Märzenbecher vom bekannten Schneeglöckchen, mit dem er mitunter verwechselt wird.

Die Wanderung im Windachtal ist orientierungsmäßig sehr einfach, da sie im Wesentlichen parallel zum Bach verläuft. Vom Parkplatz sind es nur wenige Meter bis zur Bachbrücke, vor der an einer Hecke unser nicht beschilderter Pfad nach rechts abzweigt. Nach einem Waldabschnitt mit einigen Leberblümchen führt der Pfad auf eine freie Wiese, die wir am linken Rand geradeaus überqueren. Wenig später setzt er sich im Unterholz der Uferböschung fort. Unterwegs führen Stichpfade zu kleinen Kiesbänken, an die sich die leise vor sich hin gurgelnde Windach anschmiegt.

Spätestens jetzt ist der Waldboden mit Tausenden von Märzenbechern übersät. Die Pflanze fühlt sich auf dem lehmig-feuchten Boden so wohl, dass sie wie Unkraut zu Tausenden um die Wette sprießt. Ein unglaublich schönes Naturspektakel inmitten einer wilden Flusslandschaft! Es dringt ausreichend Sonnenlicht durch das noch kahle Geäst, was auch der Gewöhnliche Seidelbast zu schätzen weiß. An manchen Stellen stößt der Wanderer auf stattliche Exemplare. Charakteristisch für die Pflanze ist, dass die dunkelroten, vierzipfeligen Blüten noch vor den Blättern direkt an den zarten Ästen erscheinen.

Da es später auf gleicher Route wieder zurückgeht, kann den Umkehrpunkt jeder selbst

Frühlings-Knotenblume

Familie	Narzissengewächse
Blütezeit	Februar bis April

Lebensraum Wächst gesellig auf feuchten und nährstoffreichen Waldböden (Auen- und Schluchtwälder) oder waldnahen Feuchtwiesen

Wichtigste Merkmale
- 10–30 cm Höhe
- Glockenförmige Blüten, jedes der 6 weißen Blütenblätter mit gelbem oder grünem Fleck an der Spitze; 6 freie Staubblätter mit orangefarbenen Staubbeuteln
- Fleischige, lineare Blätter

Schon gewusst? Der Pflanzenname leitet sich von der frühen Blütezeit und dem knotenartigen, unterständigen Fruchtknoten ab.

Fundstellen unterwegs Beidseitig der Windach breiten sich in Ufernähe ausgedehnte Blütenteppiche aus.

Der Pfad am Windach-
ufer schlängelt sich
mitten durch die
ausgedehnten Märzen-
becher-Kolonien.

Schwierigkeit ▲
Gehzeit ca. 2 ½ Std.
Recherche 21. März

Route Windach → Brücke im Windachtal und zurück

Anfahrt

Auto A 96 Ausfahrt Windach, auf der Münchener
Straße in den Ort, am Maibaum links in die
Hechenwanger Straße, nach 100 m rechts in die
Raiffeisenstraße, Parkplatz zwischen Jugendheim
und Windach-Bach

Navigation N 48.065755°, E 11.036249°

Charakter Einfache Wanderung auf malerischen
Pfaden entlang der Windach, die bei starkem Regen
jedoch rasch über die Ufer tritt.

Wegweiser Keine vorhanden, durch die stete
Flussnähe aber einfache Orientierung

Karte Kompass-Wk Nr. 189, Landsberg am Lech
Ammersee, 1:50.000

Blumen am Weg Frühlings-Knotenblume, Leberblümchen, Seidelbast, Huflattich, Lungenkraut

bestimmen. Wir entscheiden uns für die erste
Bachbrücke nach gut drei Kilometern, obwohl
der Pfad – später jedoch das Flussbett teilweise
verlassend und in die Ortsperipherie stoßend –
noch bis Finning weiterführen würde. Allerdings
nimmt die Märzenbecher-Blütenpracht weiter
südlich deutlich ab.

Drei-Seen-Tour mit Krokuswiesen

Krokuswiese am Geroldsee mit Blick auf das Karwendelgebirge (Soiernspitze, Wörner)

Um den idealen Zeitpunkt der vollen „Postkarten-Krokusblüte" am Geroldsee zu erwischen, benötigt man sehr viel Fingerspitzengefühl und Glück. Zu viele Faktoren spielen eine wichtige Rolle, damit die zarten Schwertliliengewächse zeitsynchron zu Tausenden aus der Erde sprießen. Im Alpenvorland können wir die Frühjahrsentwicklung gut beobachten, aber am „Kältepol" Klais – immerhin als schneesicheres Langlauf-Eldorado bekannt – kann unter Umständen noch Spätwinter herrschen. Wann ist die Schneeschmelze dort abgeschlossen? Und selbst wenn die Wiesen am Geroldsee bereits aper sind: Reicht das für eine Blütenexplosion? Noch heikler wird die Lage nach einem Winterrückfall: Hat der Frühjahrs-Schneefall die erste Blütengeneration zerdrückt?

Wir beginnen unseren Rundweg am Bahnhof von Klais: Die Bahnhofstraße leitet uns in westlicher Richtung parallel zum Gleis aus dem Ort heraus. Sofern der Schnee im schattigen Talboden bereits getaut ist, erblicken wir unter Umständen die ersten Krokuswiesen. Am besten stehen die Chancen nach Überquerung der Bahnlinie. Kurz vor der Straßenunterführung ist der Hang mit einer Vielzahl von Pestwurzen übersät. In Gerold folgen wir den Wegweisern nach Krün und erreichen in wenigen Minuten den Geroldsee oder wie in manchen Karten verzeichnet: Wagenbrüchsee.

Während die südöstliche Seefläche noch von Eis und die angrenzenden Ufer von Schnee bedeckt sind, leuchten uns von den sonnenbegünstigten Wiesen bereits die weißvioletten Blüten-Farbtupfer der Krokusse entgegen. Im besten Fall zwei Dutzend pro Quadratmeter, aber immerhin! Für das beste Foto begibt man sich auf Grasnarbenniveau und versucht die Blüten mit schönem Hintergrund einzufangen – wahlweise mit Wetterstein-Bergkulisse oder Geroldsee mit Karwendelblick.

Sollte die „Ausbeute" enttäuschend sein, bleibt zum Trost eine wunderschöne Seen-,

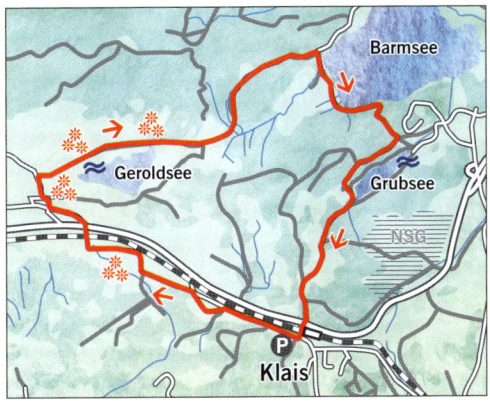

Schwierigkeit	▲
Gehzeit	2 Std.
Höhenmeter	160
Recherche	2. April

Route Klais → Geroldsee → Barmsee → Grubsee → Klais

Anfahrt

ÖVM Deutsche Bahn über Garmisch-Partenkirchen nach Klais

Auto A 95 und B 2 über Garmisch-Partenkirchen Richtung Mittenwald nach Klais, im Ort Bahngleise überqueren und rechts auf der Bahnhofstraße zum Parkplatz

Navigation N 47.482844°, E 11.237898°

Charakter Abwechslungsreiche Rundtour zwischen drei malerisch gelegenen Seen mit kurzen Steigungen. Im Frühjahr Schneereste vor allem am Höhenrücken zwischen Geroldsee und Barmsee

Wegweiser In Klais Fahrradweg Richtung Garmisch, in Gerold Wanderschild Richtung Krün, ab Barmsee ist die Route nach Klais beschildert.

Karte AV-Karte BY 10, Karwendelgebirge Nordwest, 1:25.000

Blumen am Weg Krokus, Pestwurz, Seidelbast, Leberblümchen, Buschwindröschen, Sumpfdotterblume, Schlüsselblume

Frühlings-Krokus ✳

Familie	Schwertliliengewächse
Blütezeit	März bis Mai

Lebensraum Feuchte Wiesen und Bergweiden, sehr gesellig

Wichtigste Merkmale
- 5–15 cm Höhe
- Blüten meist weiß bis violett, teils mit violetten Streifen (stängellos)
- Blütenblätter am Grund röhrig verwachsen, Trichterbildung, 6 Staubblätter mit meist gelbem Blütenstaub

Schon gewusst? Sobald tagsüber größere Wolken vorüberziehen, schließen sich die Blüten.

Fundstellen unterwegs Wiesen am Bahndamm zwischen Klais und Gerold, Wiesen in Gerold und am Geroldsee

Wald- und Wiesenlandschaft. Für die Querung zum Barmsee muss ein Höhenrücken überwunden werden, der noch unter einer Schneedecke liegen könnte. Mit Krokussen ist es nun vorbei, dafür entdecken wir einige Pestwurze, Seidelbaste und Sumpfdotterblumen. Über eine Feuchtwiese, im Sommer mit dichtem Wollgras bewachsen, nähern wir uns dem Barmsee.

Am Westufer halten wir uns rechts, bewältigen einen kurzen Waldanstieg und folgen dem Wegweiser in Richtung Klais. Den Grubsee erblicken wir erst an dessen Südspitze, bevor es zuletzt absteigend zum Ausgangsort zurückgeht.

Im Frühblüher-Paradies

Das Naturdenkmal „Pflanzenstandort Hirschberg" liegt direkt an der Olympiastraße quasi über den Dächern von Pähl. Vom Wanderparkplatz ist das markante „Gipfelkreuz" bereits zum Greifen nah, dazwischen liegt die Trockenwiese mit einer Vielzahl an attraktiven Blüten. Im April ist von der prächtigen Frühlings-Kuhschelle zwar nur der „wuschelige" Früchtestand übrig, doch dafür stoßen wir auf andere attraktive Frühblüher. Im Kontrast zu der weitläufigen Wiesenlandschaft mit Alpenblick runden wir unsere kurze Wanderung mit dem Eintauchen in die eindrucksvolle Pähler Schlucht ab.

Wiesen-Schlüsselblume

Familie Primelgewächse
Blütezeit April bis Mai

Lebensraum Trocken- und Magerrasen, sonnige Waldränder

Wichtigste Merkmale
- 10–30 cm Höhe
- Dottergelbe Blüten mit fünf orangefarbenen Flecken im Schlund der Blüte
- Der kantige, blassgrüne Kelch steht deutlich von der Kronröhre ab.

Schon gewusst? Früher, als die Wiesen-Schlüsselblume noch häufig war, hat man die Blüten in kochendes Wasser gelegt und damit die Ostereier gefärbt.

Fundstellen unterwegs Sonnige Wiesen am Hirschberg

Der Pfad beginnt an der Hirschberg-Alm, die zur Zeit der Recherche einen verwaisten Eindruck hinterließ. Prächtige Veilchen gedeihen auf dem lichten Waldboden. Nach wenigen Minuten haben wir dem Gratverlauf folgend den prächtigen Aussichtspunkt erklommen: Der Blick reicht über Tölzer Berge, Karwendel- und Wettersteinmassiv sowie über den Hohenpeißenberg bis zum Ammersee. Und auf der freien Wiese sprießen Enziane, Fingerkraut und Schlüsselblumen um die Wette. Während in dieser privilegierten Sonnenlage eher die „echte" und relativ seltene Wiesen-Schlüsselblume blüht, stoßen wir später im Wald auf ihre Schwester, die Hohe Schlüsselblume.

Wir steigen den Pfad in östliche Richtung hinab und biegen links in die Teerstraße. Herrliche alte Bäume mit knorrigen Wurzelsträngen säumen hier den Wegesrand, und die violetten Blütenblätter des Kleinen Immergrüns, die den Fruchtknoten wie Windmühlenflügel umspannen, sorgen für kräftige Farbtupfer. An der Kreuzung folgen wir dem Rad-Wegweiser Richtung Andechs, nach Überschreiten der Staatsstraße links der Privatstraße des Golfclubs Hohenpähl. Nach Passieren eines kleinen Weihers dürfen wir den Einstieg in die Pähler Schlucht nicht verpassen: Ein steiler, aber gut erkennbarer und bei Nässe nicht zu empfehlender Pfad windet

Schwierigkeit	▲
Gehzeit	1 ½ Std.
Höhenmeter	90
Recherche	10. April

Route Hirschberg Alm → Hirschberg → Pähler Schlucht → Hirschberg Alm

Anfahrt

Auto A 95 bzw. 952 Starnberg, B 2 Richtung Weilheim, kurz vor der Ausfahrt Pähl zweigt links ein Stichweg in spitzem Winkel zum Wanderparkplatz am Hirschberg ab.

Navigation N 47.906684°, E 11.186635°

Charakter Kurzer Anstieg zum aussichtsreichen Hirschberg, dann auf kleinen Asphalträßchen zur Pähler Schlucht; der Abstieg auf steilem Wurzelpfad in die Schlucht erfordert gutes Schuhwerk.

Wegweiser Kaum vorhanden

Karte Kompass-Wanderkarte Nr. 180, Starnberger See Ammersee, 1:50.000

Blumen am Weg Stängelloser Kalk-Enzian, Frühlings-Enzian, Gewöhnliche Küchenschelle, Wiesen-Schlüsselblume, Hohe Schlüsselblume, Veilchen, Gewöhnliches Frühlings-Fingerkraut, Kleines Immergrün, Ehrenpreis, Buschwindröschen, Leberblümchen, Sumpfdotterblume

Schöner Buchenwald
beim Einstieg in die
Pähler Schlucht

sich mit Blick auf eindrucksvolle Tuffsteinfelsen in die Tiefe.

Wer einen Abstecher zum 16 Meter hohen Wasserfall machen will, hält sich im Schluchtgrund links; unsere Route begleitet den Burgleitenbach abwärts. An der alten Mühle zweigt unser Weg links ab: Nach einer bequemen Querung entlang schöner Buschwindröschen-Teppiche geht es zuletzt steil ansteigend über Treppen und durch einen Fußgängertunnel zum Ausgangspunkt zurück.

Schneerosen-Zauber im Zeitraffer

Winterrückfall Mitte April: Die Schneefallgrenze reicht bis auf 1000 Meter Höhe hinab. Ob die Schneerosen dem schweren Neuschnee trotzen? Die Hoffnung wird „am Tag danach" nur wenige Meter oberhalb des Schneeberg-Parkplatzes zunichte gemacht: Die wenigen aus dem Schnee hervorlugenden Blüten wirken gesenkten Hauptes arg ermattet. Beim Aufstieg zum Pendling ist gar Dauerfrost und hoher Pulverschnee angesagt. Am Gipfel Nebelreißen und Hochwinter. Auf dem Weg zur Kala-Alm dann ein Aufreißen der Wolkendecke und rosafarbene Schneeheideblüten unter der weißen Pracht. Und beim finalen Abstieg dann doch noch ein „Happy End": Im warmen Sonnenlicht schütteln sich erst Dutzende, dann Hunderte von Schneerosen oft in Sekundenschnelle den Schnee von ihren Häuptern und erstrahlen in einem unwirklichen Tröpfchen-Glanz!

Schneerose

Familie	Hahnenfußgewächse
Blütezeit	Dezember bis April

Lebensraum Lichte Buchen-, Fichten- und Mischwälder mit kalkhaltigem Boden

Wichtigste Merkmale
- 10–30 cm Höhe
- Auffallend große, weiße, später rote endständige Blüten mit bis zu 10 cm Durchmesser und 5 eiförmigen Kelchblättern, zahlreiche, spiralig angeordnete gelbe Staub- und grünlich-tütenförmige Nektarblätter
- Immergrüne, mehrjährige Pflanze, Laubblätter am Boden aufliegend und in 7–9 Abschnitte gegliedert

Schon gewusst? Da die Alpenblume bei günstigen Verhältnissen bereits im Dezember blüht, wird sie auch Christrose genannt. Der Name „Schwarze Nieswurz" basiert auf dem Umstand, dass aus den getrockneten Wurzelstücken früher Niespulver gewonnen wurde.

Fundstellen unterwegs Im Aufstieg zwischen Schneeberg und Steilhang (Beginn Ludwig-Steub-Weg), im Abstieg unterhalb der Kala-Alm stetig am Wegesrand

Vom gebührenpflichtigen Schneeberg-Parkplatz folgen wir dem Fahrweg in Richtung Kala-Alm und Pendling. An einer markanten Rechtskurve kürzen wir durch den Wald ab. Auf diese Weise dringen wir in das Zentrum des Schneerosen-Paradieses ein. Die meisten blühen weiß, es gibt aber auch die sehr reizvolle rosafarbene oder gar rote Variante! Und sie blühen so verbreitet und massenhaft, dass sie einen über einen längeren Zeitraum verzaubern.

Ein Abstieg, zwei Jahreszeiten: Zwei Schneerosen-Aufnahmen, die innerhalb von einer Viertelstunde aufgenommen wurden …

Erste Sonnenstrahlen nach dem Winterrückfall, und schon fällt der Schnee von der Schneeheide ab.

Angeblich soll sich die vom Aussterben bedrohte Pflanze im Nordwestschatten des Pendlings in den letzten Jahren sogar deutlich vermehrt haben.

Zurück auf dem Fahrweg, zweigen wir links auf den beschilderten Steig zum Pendling ab. Er führt an letzten Schneerosen vorbei durch den schattigen Wald teilweise steil in die Höhe. Wir erreichen die Kammhöhe und haben die Wahl zwischen Fahrweg und Steig; Letzterer führt über den Pendling-Gipfel (1563 m) und nach kurzem Abstieg zum Pendlinghaus. Trotz der relativ geringen Höhe ist der Ausblick auf das uns zu Füßen liegende Inntal, das Kaisergebirge, die Kitzbüheler Alpen und die Hohen Tauern mit dem Großvenediger überragend.

Für den Übergang bzw. Abstieg zur Kala-Alm folgen wir wahlweise dem geräumten Fahrweg oder nach der kurzen Gegensteigung der beschilderten Abkürzung. Neben den üblichen Frühblühern wie z.B. Leberblümchen, Veilchen und Pestwurz erfreut uns in diesem Geländeabschnitt vor allem die Schneeheide. Knapp unterhalb der Kala-Alm beginnt dann bereits der Schneerosen-Zauber: Je tiefer wir steigen, desto stärker ist die Blütenpracht! Die warme Aprilsonne lässt den Schnee von den Bäumen „herabregnen" und die Schneerosenköpfchen schnellen wie von einer Feder getrieben aus einer demütigen Bückhaltung in eine stolze aufrechte Position zurück.

Blick auf das tiefverschneite Trainsjoch

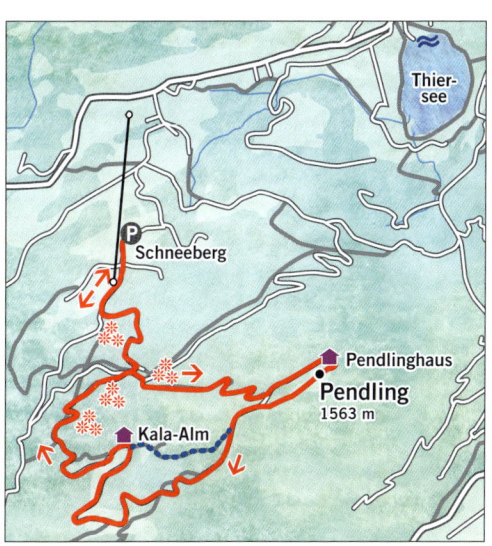

Schwierigkeit	▲ ▲
Gehzeit	2 Std.
Höhenmeter	720
Recherche	17. April

Route Schneeberg → Pendlinghaus → Kala-Alm → Schneeberg

Anfahrt

Auto Wahlweise über Inntal-Autobahn (Ausfahrt Kufstein Nord, Beschilderung Thiersee folgen) oder über Bayrischzell (B 307) und Ursprungpass (St 2075) nach Thiersee; im Ort Abzweig Richtung Hinterthiersee und am Pfarrwirt links hinauf zum Parkplatz Schneeberg.

Navigation N 47.579826°, E 12.092857°

Charakter Der Anstieg zum Pendling ist schattig und steil, der Abstieg verläuft moderat auf dem Fahrweg. Zwischen Pendling und Kala-Alm kann man bis auf wenige hundert Meter auch auf den Steig ausweichen.

Wegweiser Pendling und Kala-Alm sind sehr gut beschildert.

Einkehr
- Pendlinghaus, Tel. +43 - 53 76 - 53 74, Mobil +43 - 664 - 214 07 07 10, Mitte April meist nur an schönen Wochenenden geöffnet, www.pendlinghaus.at
- Kala-Alm, Mobil +43 - 664 - 394 42 84 oder +43 - 664 - 205 53 58, täglich außer Mo., www.kala-alm.at

Karte Kompass-Wanderkarte Nr. 9, Kaisergebirge, 1:50.000

Blumen am Weg Schneerose, Leberblümchen, Schneeheide, Sumpfdotterblume, Veilchen, Pestwurz, Seidelbast, Hohe Schlüsselblume

Naturspektakel auf den Daffnerwaldwiesen

An der östlichen Bergflanke des Heubergs breitet sich eine weite Hochfläche aus, die Daffnerwaldalm. Nach der Schneeschmelze meist im April sorgen hier Tausende von weißviolett blühenden Krokussen für ein phantastisches Naturschauspiel! Das spricht sich dann im Chiemgau wie ein Lauffeuer herum, sodass der Ansturm entsprechende Ausmaße annimmt. Von den Terrassen der benachbarten Deindlalm und Laglerhütte hat man einen herrlichen Blick auf die Krokuswiesen-Szenerie.

Lila Krokusse auf den Daffnerwiesen; im Hintergrund das benachbarte Feichteck

Wir kommen für das Blütenspektakel etwa eine Woche zu spät, erzählt uns die Hüttenwirtin von der Deindlalm. Sagt sich so leicht, wenn die Vorwoche komplett von grauen Schnee- und Regenschauertagen geprägt war. Wer direkt vor Ort ist, kann natürlich die wenigen lichten Momente bestens abpassen!

Verkehrte Welt: Beim Aufstieg zu den Daffnerwald-Almen passieren wir unterhalb des Wegkreuzes Meilach (976 m) eine Waldlichtung, auf der sich eine Vielzahl an Krokussen durch die noch vorhandene Schneedecke kämpft. Über 100 Höhenmeter weiter oben sind die Wiesen teilweise grün und die meisten Krokusse bereits von der Bildfläche verschwunden. Dafür blüht der Hohle Lerchensporn umso kräftiger in verschiedenen Farben – welch schöner Trost. Die Blütenform ähnelt den gespornten Zehen der Haubenlerche, weshalb die Pflanze auch „Haubenlerche" genannt wird.

Für die Gipfelzugabe auf den Heuberg (1338 m) muss insgesamt etwa eine gute Stunde eingeplant werden. Oft zeigt sich die recht steile Ostflanke zu dieser Jahreszeit noch im Winterkleid, spätestens unterhalb des Grates ist Schneestapfen angesagt. Dafür lohnt sich der Ausblick vom Gipfel in Richtung Inntal und Chiemgau.

Zurück an den bewirtschafteten Almen, folgen wir dem nach Südosten verlaufenden Weg

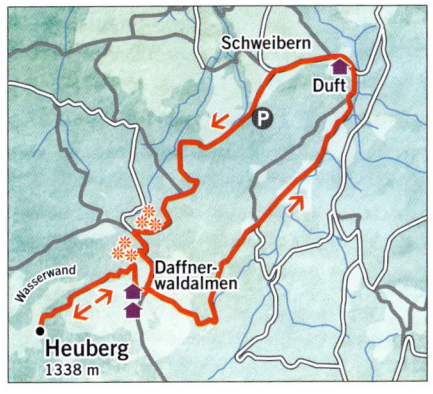

Schwierigkeit	▲
Gehzeit	3 Std.
Höhenmeter	650
Recherche	19. April

Route Schweibern → Daffnerwaldalm → Heuberg → Daffnerwaldalm → Duft → Schweibern

Anfahrt

Auto A 8 Ausfahrt Achenmühle / Samerberg / Törwang, über Grainbach der Beschilderung nach Duft folgen, am Gasthof Duftbräu vorbei und bei Schweibern links in die Straße zum Wanderparkplatz

Navigation N 47.738797°, E 12.204437°

Charakter Forststraßen-Anstieg zur Daffnerwaldalm, wo der Steig teils etwas steil zum Heuberg hochzieht. Wenn die Krokusse auf den Almwiesen blühen, liegt am Berg oft noch eine Menge Schnee.

Wegweiser Heuberg bestens beschildert, im Abstieg den Schildern Richtung Duftbräu folgen

Einkehr
- Deindlalm, Tel. +49 - 171 - 421 53 10, Di.–So. geöffnet, www.deindlalm.de
- Laglerhütte, Tel. +49 - 175 8 29 45 89, Do.–So. geöffnet
- Gasthof Duftbräu, Tel. +49 - 8032 - 82 26, www.duftbraeu.de

Karte AV-Wanderkarte BY 17, Chiemgauer Alpen West, 1:25.000

Blumen am Weg Frühlings-Krokus, Buschwindröschen, Leberblümchen, Hohler Lerchensporn, Veilchen, Pestwurz, Hohe Schlüsselblume, Frühlings-Enzian, Lungenkraut, Kriechendes Fingerkraut, Sumpfdotterblume, Quirlblättriger Zahnwurz

Hohler Lerchensporn

Familie	Erdrauchgewächse
Blütezeit	März bis Mai

Lebensraum Nährstoffreiche Böden in lichten Buchenwäldern

Wichtigste Merkmale
- 10–35 cm Höhe
- Blütentraube mit bis zu 20 weißen, rosafarbenen oder purpurroten Blüten, die einen langen, auffälligen Sporn aufweisen.
- Zwei langstielige Blätter, oben blaugrün, unten hellgrün

Schon gewusst? Für die Fortpflanzung sorgt die Ameise, indem sie die nährstoffreichen Anhängsel der Samen abtransportieren und oft weit von der Mutterpflanze entfernt verbreiten. Der süße Nektar im Blütensporn dient den langrüsseligen Bienen als wertvolle Nahrungsquelle.

Fundstellen unterwegs Im oberen Drittel des Forstweg-Anstiegs zu den Daffnerwald-Almen im Waldgebiet

mitten durch die Krokuswiesen in den Wald. Am sogenannten Holzlagerplatz treffen wir auf die Sumpfdotterblume und den Abzweig nach Duft. Etwas unterhalb ist der Waldboden von zahlreichen gelben Blüten des Quirlblättrigen Zahnwurzes übersät. Wir steigen parallel zum tosenden Fludererbach ab und folgen der Teerstraße links hinauf am Duftbräu vorbei nach Schweibern, wo es links zum Parkplatz geht (Abkürzung auf nicht markiertem Steig möglich).

Im Obstblütenrausch

Der Gewinn der Goldmedaille im Wettbewerb „Unser Dorf soll schöner werden" ist zwar schon eine Zeitlang her, aber wer den Ort Vagen zur Obstblütenzeit besucht, wird den stolzen Titel auch heute keine Sekunde anzweifeln. Dabei wurde diese Ehrung eher für die gelungene Dorferneuerung als für die lebendige Baumkultur vergeben. Als Beleg hierfür gilt der im Jahr 2006 eingeweihte „Historische Streifzug" mit 33 Gebäudetafeln im ganzen Ort. Der Blütenfreund hingegen befindet sich beim Rundgang im Rausch der kräftig blühenden Apfel-, Birnen- und Kirschbäume. Und beim Blick über die Gartenzäune entdeckt er auch einige hübsche Ziersträucher.

Kultur-Birne ✽

Familie   Rosengewächse
Blütezeit   April bis Mai

Lebensraum Nährstoffreiche Streuobstwiesen in eher trocken-warmem Klima

Wichtigste Merkmale
- 3–20 m hohe sommergrüne Bäume
- Weiße Blüten mit roten Staubbeuteln in doldenartigen Trauben
- Die eiförmig bis elliptischen Laubblätter wachsen in wechselständiger Grundordnung und sind anfangs behaart; Blattrand leicht gekerbt

Schon gewusst? Die ähnliche Apfelblüte ist teils rosa eingefärbt, hat gelbe Staubbeutel und eine leichte Kerbung an den Laubblatträndern.

Fundstellen unterwegs Verstreut im Ort Vagen

D a es in Vagen mehr blühende Obstbäume als Einwohner gibt und viele Bäume stattliche Auswüchse erreichen, werden wir bereits bei der Parkplatzsuche von der Blütenpracht in den Bann gezogen. Wir beginnen unseren Rundgang im Ortskern, indem wir der von der Hauptstraße abzweigenden Neuburgstraße nach Süden folgen (Schild Irschenberg). Mit Blick in die links abzweigende Mittenkirchener Straße entdecken wir die üppige Magnolienblüte. Noch prächtiger blüht jedoch die Japanische Zierkirsche etwas weiter südlich. Nach der S-Kurve biegen wir rechts in die Goldbachstraße und erreichen an Gärten mit Tulpen und Blutjohannisbeere vorbei die Alte Schmiede am Goldbach. Sie war ab Mitte des 15. Jahrhunderts als Huf-, Hammer- und Waffenschmiede in Betrieb. Das Wasserrad dreht sich auch heute noch, und alle zwei Jahre haben vor allem die Kinder bei der Bachauskehr ihren Spaß.

An einer freien Obstbaumwiese biegen wir rechts in die Lindenstraße. Nach wenigen Metern staunen wir über die Größe und Blütenpracht eines Birnbaumes an einem Anwesen. Hier leitet uns das Spitzer-Wegerl – jeder Fußweg, der von den Schulkindern gerne als Abkürzung benutzt wird, hat in Vagen einen Namen! – links zur Goldbachstraße zurück, der wir zum

Alte Schmiede am Goldbach, Apfelblüte am Koller-Wegerl (o.); Zier-Quitte (1), Schlehdorn (2), Blut-Johannisbeere (3), Zierkirsche (4), Kultur-Birne (5) und Kultur-Apfel (6)

Der stattliche Birnbaum in der Lindenstraße

Schwierigkeit	▲
Gehzeit	1 ¼ Std.
Recherche	28. April

Route Rundwanderung Vagen

Anfahrt

Auto A 8 Ausfahrt Weyarn, Landstraße nach Westerham, nach Überqueren der Mangfallbrücke im Ort rechts Aiblinger Straße nach Feldolling und abermals rechts nach Vagen, Parkmöglichkeiten im Ort

Navigation N 47.874346°, E 11.886199° (Beginn der Wanderung)

Charakter Spaziergang meist auf ebenen Asphaltwegen rund um Vagen (4 km)

Wegweiser Keine relevante Beschilderung

Einkehr Gasthof Schäffler, Tel. +49-8062-2354, Mi. Ruhetag, www.gasthof-schaeffler-vagen.de

Karte Übersichtsplan Vagen mit 33 Infotafeln zum Thema „Historischer Streifzug" unter www.vagen.de/kultur/bilder/streifzug_web.pdf herunterladbar

Blumen am Weg Kultur-Apfel, Kultur-Birne, Magnolie, Zierkirsche, Sal-Weide, Blut-Johannisbeere, Kultur-Kirsche, Rosskastanie, Schlehdorn, Zier-Quitte, Gewöhnliche Mahonie; Knoblauchrauke, Löwenzahn, Wiesen-Schaumkraut, Bitteres Schaumkraut

1768 errichteten Barockschloss folgen. Nach dem Einblick in den Garten mit den verspielten Wasserkaskaden gehen wir wieder wenige Meter zurück und biegen links ab. Wir münden in den Schlossweg und biegen links in die Fichtenstraße. Am Ortsende von Vagen passieren wir eine große Löwenzahnwiese mit Wiesenschaumkraut und das Leitzachwerk mit den weithin sichtbaren Turbinen, durch die Wasser zur Stromerzeugung vom 126 Meter höher gelegenen Seehamer See (siehe Tour 8) strömt.

Wir umrunden den Speichersee (Schlehdorn!) auf den asphaltierten Wegen und wandern auf dem Sternecker Weg wieder Richtung Vagen. An der T-Kreuzung biegen wir rechts in die Hauptstraße, die eine Kreuzung später (hier geradeaus) in die Lindenstraße übergeht. Zum Abschluss gilt es, den richtigen Durchschlupf zu finden: Vor dem Goldbach links in das Koller-Wegerl (herrlicher Apfelbaum und Grundstück mit rot blühender

Zier-Quitte!), T-Kreuzung rechts, Hofmarkstraße links (Gasthof Schäffler, Tafel „Weberheiß", gelb blühende Gewöhnliche Mahonie) und Mesner-Wegerl rechts zum Ausgangspunkt.

Landschaftsvielfalt auf engstem Raum

Die Wanderung auf den Rabenkopf ist an Höhepunkten so reich, dass es einem trotz relativ langer Wegstrecke nie langweilig wird. Gleich zum Auftakt durchwandert man das herrliche Bachtal der Großen Laine, in dem üppige Bestände des hübschen Wald-Sauerklees unser Herz erfreuen. Nach einer Forstweg-Passage folgt der abenteuerliche Steig durch die Rappinschlucht mit einer Vielzahl an Alpen-Aurikeln und Kugelblumen. Über Wald und Wiesen geht es zur Staffelalm empor, wo wir auf dichte Krokus-Bestände stoßen. Und nach der lohnenden Gipfelbesteigung krönt der Abstieg durch den schönen Walchgraben mit weiteren Aurikel-Kolonien den Tag.

D irekt am Parkplatz führt eine Bachbrücke in den Taleinschnitt der Großen Laine. Ohne viel Höhe zu überwinden, schlängelt sich der schöne Waldweg in Bachnähe talein. Der Wald-Sauerklee blüht nicht nur typisch weiß, sondern auch in rosa Farbtönen. An einer sumpfigen Lichtung stoßen wir auf große Bestände der Sumpfdotterblume. Nach einem kurzen Forststraßen-Abschnitt zweigt unser Steig rechts in den Wald ab. Wir überqueren die tosende Laine und wandern auf einem weiteren Forstweg in Begleitung des Baches bergan.

In der Rappinschlucht ändert sich der Tourencharakter fundamental. Am Eingang der Schlucht leuchten uns vis-à-vis eines verrosteten Eisenkreuzes bereits die ersten Alpen-Aurikel entgegen. Später werden die edlen Primelgewächse in dichten Kolonien von Steilgrasflanken und Felsnasen grüßen. Nach dem engsten Schluchtabschnitt teilt sich der Weg: Rechts könnte man direkt zum Rabenkopf hochsteigen, doch wir bevorzugen den Umweg über die Rappen- und Kochler Alm. Hierfür steigen wir wenige Meter in den Talgrund der Rappenlaine hinab, in dem Alpenglöckchen und Schneeheide um die Wette blühen. Pfadspuren führen am Bach entlang zu zwei Wasserfällen: Der eine spritzt links kaskadenartig über eine

Alpen-Aurikel

Familie   Primelgewächse
Blütezeit April bis Juni

Lebensraum Kalkhaltige, steinige Gebirgsrasen, gerne auch im Fels

Wichtigste Merkmale
- 10–25 cm Höhe
- Leuchtend gelbe, duftende Blüten in einheitswendiger Dolde mit glockigem Kelch
- Fleischige und rosettenartige Blätter

Schon gewusst? In Oberbayern wird die Aurikel in Anspielung auf ihre luftigen Standorte auch „Gemsbluaml", in Österreich „Petergstamm" genannt; dort ist sie übrigens auf der Rückseite der 5-Cent-Münze abgebildet.

Fundstellen unterwegs Große Vorkommen in der Rappinschlucht (Aufstieg) und im Walchgraben (Abstieg)

Am Ausstieg der Rappinschlucht empfängt uns ein Wasserfall, am Eingang ein von Alpen-Aurikeln bewachtes Eisenkreuz.

Wiesenböschung zu Tale, der andere taucht beim anfangs steilen Anstieg zur Kochler Alm rechterhand auf. Beim halbstündigen Anstieg von der Kochler Alm zur Staffelalm dominiert die Nackstängelige Kugelblume: Die flauschig-blauvioletten Blüten schießen aus einem Teppich länglicher Blätter empor.

An der Staffelalm halten sich versteckt in Mulden kleine, aber dichte Krokus-Bestände. Die Südhänge am Rabenkopf sind fast flächendeckend mit der rosafarbenen Schneeheide überzogen. Mit Erreichen des Gipfelgrates erspähen wir unter einer Fichte das mehrfarbig blühende Lungenkraut. Ansonsten

ist der Gipfelabstecher vor allem wegen des umfassenden Panorama-Rundblicks lohnend.

An der Staffelalm folgen wir nicht dem breiten Weg in Richtung Benediktenwand, sondern steigen etwas unterhalb in östliche Richtung in den Wachgraben ab (anfangs nur Steigspuren). Ein Wiedersehen mit der Alpen-Aurikel, die sich in den Steilhängen oberhalb des malerischen und gumpenreichen Mini-Canyons äußerst wohl zu fühlen scheint! Wir münden in den breiten Güterweg, der uns rasch zur Lani-Alm und zum Rappinschlucht-Abzweig herabführt. Anschließend gemütliches Auslaufen bis zum Ausgangspunkt.

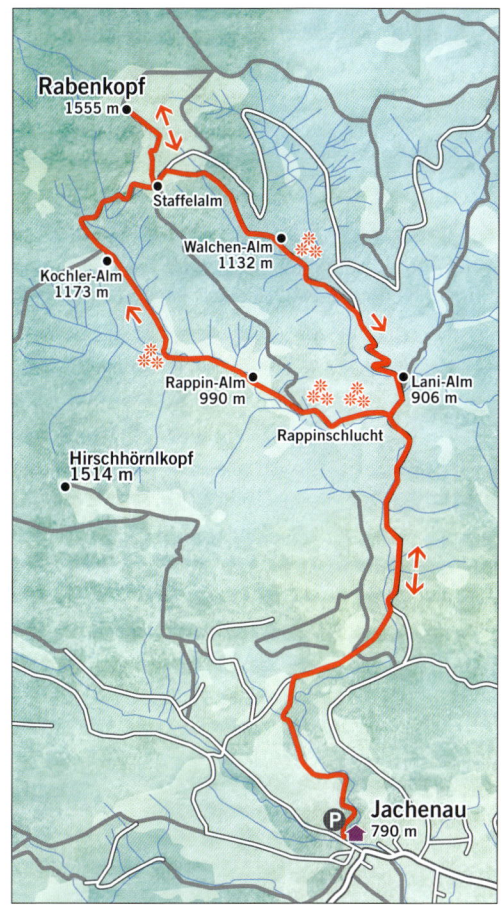

Schwierigkeit	▲▲
Gehzeit	5 Std.
Höhenmeter	910
Recherche	30. April

Route Jachenau → Rappinschlucht → Kochler Alm → Rabenkopf → Staffelalm → Walchgraben → Jachenau

Anfahrt

ÖVM Bayerische Oberlandbahn (BOB) nach Lenggries, RVO-Bus Nr. 9595 in den Ort Jachenau

Auto Über Bad Tölz und Lenggries nach Jachenau (B 13 und St2072), im Ort rechts zum Parkplatz am Schützenhaus

Navigation N 47.606221°, E 11.432819°

Charakter Extrem abwechslungsreiche Voralpentour mit reizvollen Bachtälern, Schluchten, Almwiesen und Ausblicken. Für die Rappinschlucht ist etwas Trittsicherheit erforderlich.

Wegweiser Der Rabenkopf ist gut beschildert. In der Rappinschlucht Wegweiser „Rundweg über Rappin Alm"; an der Staffelalm im Abstieg dem exakt nach Süden führenden Weg folgen

Einkehr Schützenhaus, Wanderparkplatz Jachenau, Tel. +49-8043-303, www.schuetzenhaus-jachenau.de; unterwegs keine

Karte AV-Wanderkarte BY 11, Isarwinkel, 1:25.000

Blumen am Weg Veilchen, Wald-Sauerklee, Sumpf-dotterblume, Buchsblättrige Kreuzblume, Seidelbast, Alpen-Fettkraut, Alpen-Aurikel, Nacktstängelige Kugelblume, Sumpfherzblatt, Weiße Silberwurz, Gewöhnliche Kreuzblume, Frühlings-Enzian, Schnee-heide, Alpenglöckchen, Lungenkraut, Frühlings-Krokus, Stängelloser Kalk-Enzian, Mehlprimel

Nacktstängelige Kugelblume zwischen Kochler- und Staffelalm

Unser
„Mai-
Blütenstrauß"…

④

⑤

⑥

⑧

⑨

⑩

⑭

❶ Gewöhnliche Berberitze (IV–VI)
❷ Zweiblütiges Veilchen (V–VII)
❸ Zottiger Klappertopf (V–VIII)
❹ Wundklee (V–VIII)
❺ Scheiden-Kronwicke (V–VII)
❻ Gewöhnlicher Hornklee (V–VIII)
❼ Steppen-Greiskraut (V–VII)
❽ Tüpfel-Johanniskraut (V–IX)
❾ Gewöhnl. Barbarakraut (V–VII)
❿ Alpenrachen (V–VII)
⓫ Gelber Frauenschuh (V–VI)

⓬ Echter Steinklee (V–X)
⓭ Herbst-Löwenzahn (V–IX)
⓮ Gewöhnl. Habichtskraut (V–VIII)
⓯ Gewöhnliches Brillenschötchen (V–VIII)
⓰ Zypressen-Wolfsmilch (IV–VIII)
⓱ Gewimpertes Kreuzlabkraut (IV–VI)
⓲ Gold-Hahnenfuß (IV–V)
⓳ Sumpfdotterblume (IV–VI)
⓴ Trollblume (V–VI)

⓲

⓳

⓴

④ ⑤ ⑥

⑨ ⑩ ⑪

❶ Vielblütige Weißwurz (IV–VI)
❷ Maiglöckchen (V–VI)
❸ Weißer Arznei-Beinwell (V–VIII)
❹ Kriechender Günsel (IV–VII)
❺ Vierblättrige Einbeere (IV–VI)
❻ Vergissmeinnicht (IV–IX)
❼ Einjähriger Feinstrahl (V–IX)
❽ Alpenmaßliebchen (V–VI)
❾ Alpen-Waldrebe (V–VII)
❿ Gewöhnl. Kreuzblume (V–VIII)
⓫ Herzblättrige Kugelblume (V–VII)

⓬ Echter Arznei-Baldrian (V–VIII)
⓭ Fieberklee (IV–V)
⓮ Schwertblättriges Waldvögelein (IV–VII)
⓯ Großes Zweiblatt (V–VII)
⓰ Kleeblättriges Schaumkraut (III–VI)
⓱ Echte Brunnenkresse (V–IX)
⓲ Alpen-Fettkraut (V–VIII)
⓳ Berg-Klee (V–VIII)
⓴ Silberwurz (V–VIII)
㉑ Gewöhnliche Zaunwinde (V–IX)

⑮

⑲ ⑳ ㉑

③ Gewöhnliche Vogel-Wicke (V–VIII)
④ Berg-Baldrian (V–VIII)
⑤ Gekielter Lauch (V–VII)
⑧ Gewöhnliche Akelei (V–VII)
⑨ Zwerg-Alpenrose (V–VII)
⑩ Steinröschen (V–VII)
⑭ Wiesen-Flockenblume (V-XI)

❶ Bachnelkenwurz (IV–VII)
❷ Mehlprimel (V–VII)
❸ Gewöhnliche Vogel-Wicke (V–VIII)
❹ Berg-Baldrian (V–VIII)
❺ Gekielter Lauch (V–VII)
❻ Rote Lichtnelke (IV–IX)
❼ Echtes Lungenkraut (III–V)
❽ Gewöhnliche Akelei (V–VII)
❾ Zwerg-Alpenrose (V–VII)
❿ Steinröschen (V–VII)

⓫ Kuckucks-Lichtnelke (V–VII)
⓬ Breitblättriges Knabenkraut (V–VI)
⓭ Geflecktes Knabenkraut (V–VIII)
⓮ Wiesen-Flockenblume (V-XI)
⓯ Wiesen-Glockenblume (V–VII)
⓰ Finger-Schaumkraut (IV–VI)
⓱ Gewöhnliche Fettkraut (V–VI)
⓲ Spitz-Wegerich (V–IX)
⓳ Mittlerer Wegerich (V–IX)
⓴ Schlangen-Wiesenknöterich (V–VII)

⑱ ⑲ ⑳

Verstecktes Kleinod an der Autobahn

Man sieht sie kaum, aber man hört sie deutlich: die A 8. Aber die landschaftliche Umgebung und die wechselhaft-verträumten Stimmungen am Seehamer See sind derart beeindruckend, dass die See-Umrundung trotzdem sehr lohnend ist. Auch wenn die Bauern scheinbar von Jahr zu Jahr etwas mehr Wiesenfläche im Landschaftsschutzgebiet für ihre Heuernte erobern, die Feuchtgebiete an den westlichen Ufern drohen nicht zu verlanden. Somit dürfte auch die botanische Vielfalt über das Blütenjahr hin erhalten bleiben. Am bemerkenswertesten ist im Mai der Bestand an Fieberklee und im Juli die Entdeckung des seltenen Gekielten Lauchs. Bereits im März sind die Wiesen mit dem Gelb der Hohen Schlüsselblume überzogen, und ab Frühsommer dominiert das kräftige Rot des Breitblättrigen Knabenkrauts, der Kuckucks-Lichtnelke und des Blutweiderichs.

rei Fluss-Ableger von Schlierach, Mangfall und Leitzach speisen den Seehamer See, der zwischen Weyarn und Irschenberg direkt an die Autobahn angrenzt. Die Stromerzeugung der Vagener Leitzachwerke wird bereits seit 1913 mittels eines Abflusses geregelt (siehe Tour 6). Doch der belebten Verkehrsader und dem künstlichen Gewässer zum Trotz ist die Landschaft hier so schön, dass der ansässige Campingplatz über mangelnden Besuch nicht klagen kann.

Der botanisch interessanteste Abschnitt befindet sich am nordwestlichen Ausläufer des Seehamer Sees. Grund genug, die See-Umrundung vom Parkplatz entgegen der Beschilderung gegen den Uhrzeigersinn anzu-gehen. Auf diese Weise erreichen wir die ersten Feuchtwiesen an der kleinen Teerstraße bereits nach wenigen Augenblicken. Mit Blick Richtung See erspähen wir Anfang Mai die kräftigen Blüten des Fieberklees. Auch das Breitblättrige Knabenkraut fühlt sich hier wohl. Nach einer Linkskurve genießen wir direkt am bekiesten Westufer den stimmungsvollem Seeblick. Wir wandern geradeaus in das Land-schaftsschutzgebiet, bevor es am Kanal entlang rechts und an der Kreuzung links zur schönsten Blumenwiese am Seehamer See geht.

Bereits im März blüht hier die Hohe Schlüsselblume vor allem an den Bachufern in rauen Mengen. Feuchtwiese und Schilfgürtel verhindern den direkten Seezugang, doch der Seeblick bleibt einem dennoch nicht verwehrt. In den Folgemonaten verwandelt sich die Wiese in eine bunte Blütenpracht, darunter Knaben-kräuter, Mehlprimeln sowie diverse Klee- und Nelkenarten; hervorzuheben ist der üppige Bestand an Kuckucks-Lichtnelken im Sommer. Dann blüht auch der seltene Gekielte Lauch, erkennbar an der Scheindolde mit nach allen

Fieberklee

Familie   Fieberkleegewächse
Blütezeit   Ende April bis Mitte Mai

Lebensraum Sumpfwiesen, Feuchtufer und Flachwasser

Wichtigste Merkmale
- 20–30 cm Höhe
- Blütentraube mit meist 10–15 weiß-rosafarbenen Blüten. Die fünf Kronblätter sind innen mit zottigen Härchen bestückt.
- Kahle, kleeähnliche Blätter mit langen, fleischigen Stielen

Schon gewusst? Anders als der Name vermuten ließe, trägt die Pflanze nicht zur Fiebersenkung bei. Aber die Bitterstoffe führen zu einer Anregung des Verdauungstraktes und helfen gegen Appetit-losigkeit.

Fundstellen unterwegs Feuchtwiese zwischen Teerstraße und Seehamer See an dessen Nordseite

Im Mai breitet sich die Trollblume auf der feuchten Uferwiese am Seehamer See aus.

Seiten abstehenden lilapurpurnen Blütenköpfen; die Staubblätter ragen deutlich aus der Blüte heraus.

Im Waldabschnitt an der Südseite – Höhepunkt ist der teils auf Holzstegen angelegte Steig durch ein Feuchtgebiet – fühlen sich vor allem die Frühblüher (Frühlings-Knotenblumen!) wohl. Dabei passieren wir die Quelle „Deife, ria di!" („Teufel, rühr dich"), die neben Wasser auch feinen Sand aus dem Erdinneren freigibt. Nach einigem Auf und Ab und einer schönen Uferpassage erreichen wir eine weitere Feuchtwiese mit Roten Lichtnelken und Knabenkräutern; am Waldrand blüht die Dunkle Akelei.

An der Teerstraße halten wir uns links und zweigen wenig später abermals links in den Pfad ab, der uns an das Seeufer zurückführt. Dann haben wir die Wahl zwischen Teerstraße und parallel verlaufenden Waldwurzelpfaden. Am Seehaus vorbei wandern wir in den Ortskern von Großseeham, wo wir die Hauptstraße links auf der Seestraße verlassen und im Bogen über eine Wiese zum Parkplatz zurückkehren.

Schwierigkeit	▲
Gehzeit	1 ½ Std.
Höhenmeter	120
Recherche	März, Mai und Juli

Route Großseeham → Seehamer See Umrundung → Großseeham

Anfahrt

Auto A 8 Ausfahrt Weyarn, in der Ortsmitte links über Wattersdorf nach Großseeham, Parkplatz vor Ortseingang bei der Einmündung der Seestraße

Navigation N 47.855625°, E 11.850471°

Charakter Bequeme See-Umrundung mit Feuchtwiesen, anregenden Waldpassagen und wenig befahrenen Asphaltstraßen

Wegweiser Der „See-Rundweg" ist im Uhrzeigersinn gut beschildert.

Einkehr Seehaus Seehamer See, Tel. +49-8020-1400, www.seehamer-see.de

Karte Kompass-Wk Nr. 181 Rosenheim, 1:50.000

Blumen am Weg
- **März:** Frühlings-Knotenblume, Seidelbast, Leberblümchen, Hohe Schlüsselblume, Sumpfdotterblume
- **Mai:** Fieberklee, Klappertopf, Mehlprimel, Trollblume, Gewöhnlicher Hornklee, Gewöhnliche Vogel-Wicke, Gelber Steinklee, Vergissmeinnicht, Bachnelkenwurz, Breitblättriges Knabenkraut, Spitzwegerich, Wiesenknöterich, Rote Lichtnelke, Kuckucks-Lichtnelke, Teufelskralle, Hundsrose, Dunkle Akelei, Sumpf-Stendelwurz
- **Juli:** Blutweiderich, Echtes Mädesüß, Kriechende Hauhechel, Einjähriger Feinstrahl, Tüpfel-Johanniskraut, Sumpf-Herzblatt, Gekielter Lauch

Kuckucks-Lichtnelke

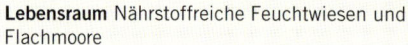

Familie	Liliengewächse
Blütezeit	Mai bis Juli

Lebensraum Nährstoffreiche Feuchtwiesen und Flachmoore

Wichtigste Merkmale
- 30–80 cm Höhe
- Rosa Blütenstände mit bis zu 30 Blüten, Kronblätter grob 4-teilig mit schmalen Zipfeln
- Aufrechter, im oberen Teil sich verzweigender Stängel, Blätter gegenständig, schmal und lanzettlich

Schon gewusst? Ihren Namen hat die Pflanze vom Kuckuck, dessen unverwechselbarer Ruf während der Blütezeit durch den Wald schallt. Der sogenannte Kuckucksspeichel an der Pflanze stammt hingegen nachweislich von den Nestern der Schaumzikaden-Larven.

Fundstellen unterwegs Feuchtwiesen am Seehamer See, verstärkt am Südwestufer

Auch die Kuckucks-
Lichtnelke fühlt sich
hier äußerst wohl.

Mehlprimelwiese mit Wendelsteinblick; links die Antretteralm

Blickrichtung Wendelstein

Während sich die steile Nordflanke des Wendelsteins Anfang Mai oft noch von ihrer winterlichen Seite zeigt, verwandeln sich die Almwiesen auf den nördlich vorgelagerten Grasbergen bereits in eine bunte Blütenpracht. Der Kontrast zwischen sattem Frühlingsgrün und rauer Bergwelt fasziniert den Wanderer auf Schritt und Tritt. Vom Wanderparkplatz oberhalb der Jenbachschlucht ist die Wanderung kurz und überschaubar, sodass auch Kinder ihre Freude daran haben. Vor allem dann, wenn man den Abstecher zur nur leicht abseits unserer Route gelegenen Schuhbräualm mit einbezieht.

Vom Wanderparkplatz wandern wir nicht talein direkt auf den imposanten Wendelstein zu, sondern folgen dem abzweigenden Forstweg in östliche Richtung. Nach einer Flachpassage überqueren wir den Jenbach und gewinnen im Wald an Höhe. Dann zweigt der Niggl-Steig links von der Hillsteineralm-Route ab und führt über freie Wiesen empor. Hunderte von Mehlprimeln heben sich mit ihren rosafarbenen Doldenblüten vom saftigen Grasgrün ab, aber auch das Tiefblau des Stängellosen Kalk-Enzians und der weiß-gelb-rote Farbmix der hübschen Buchsblättrigen Kreuzblume erfreuen das Auge. Auf eher felsdurchsetztem Untergrund wuchert die lila blühende Herzblättrige Kugelblume.

Nach Durchschreiten eines Waldgürtels öffnet sich das Gelände abermals. Wir ignorieren den Abzweig Richtung Antretteralm und folgen der offiziellen Schuhbräu-Alm-Route. In einer weitausholdenden Serpentine (Warnschild: „Abschneider zerstören die Vegetation") passieren wir nun auf dem Güterweg zwei knorrige Buchen-Solitäre, an deren Ästen zartes Blattgrün sprießt. Hohe Schlüsselblumen – später auch Wiesen-Schlüsselblumen – säumen neben einzelnen Knabenkräutern den Weg. Am Wegkreuz verlassen wir den Güterweg: Pfadspuren führen auf dem begrasten Ostgrat direkt zum Mitterberg hoch. Im Süden ist zwischen Bäumen die nahe

Mehlprimel

Familie	Primelgewächse
Blütezeit	Mai bis Juli

Lebensraum Feuchte, kalkhaltige Wiesen oder Flachmoore

Wichtigste Merkmale
- 5–25 cm Höhe
- 5 rosa Blütenblätter mit gelbem Schlundring in auffälliger Dolde, verwachsener Kelch
- Laubblätter in grundständiger Rosette, Stängel und v.a. Blattunterseiten weiß bemehlt

Schon gewusst? Die Drüsenhaare der Pflanze scheiden winzige Kristalle aus, die mit Pflanzenwachs vermischt den mehligen Überzug bilden. Der gelbe Blütenring dient den Tagfaltern als Wegweiser zum Blütennektar.

Fundstellen unterwegs Auf den freien Wiesen nördlich der Hillsteiner Alm

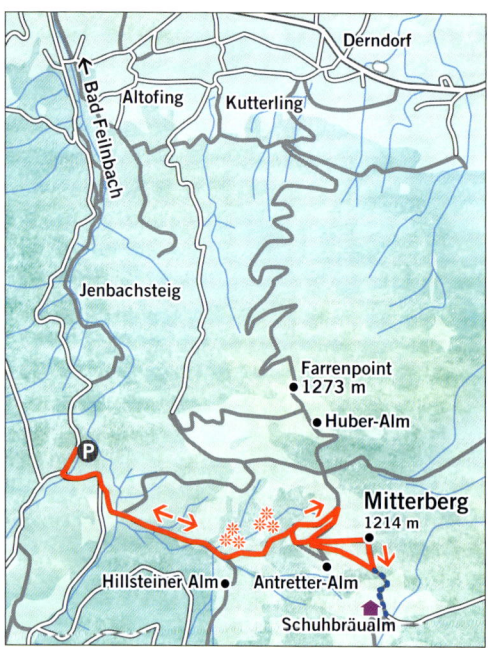

Schwierigkeit	▲▲
Gehzeit	2 ¼ Std.
Höhenmeter	400
Recherche	10. Mai

Route Wanderparkplatz Jenbachtal → Mitterberg → (Schuhbräualm) → Wanderparkplatz Jenbachtal

Anfahrt

Auto A8 Ausfahrt Bad Aibling, St2089 nach Bad Feilnbach, im Ort rechts in die Kufsteiner Straße, nach der Bachbrücke links in die Wendelsteinstraße und geradeaus die Mautstraße hoch zum Wanderparkplatz

Navigation N 47.7384°, E 12.017283°

Charakter Die meist moderat verlaufende Route führt wechselweise auf Güterwegen und Steigen bzw. Pfaden durch westlich ausgerichtetes Wald- und Wiesengelände.

Wegweiser Bis zum Gipfelaufbau Beschilderung Richtung Wendelstein/Rampoldtplatte/Schuhbräualm folgen, dann auf Pfadspuren empor; im Abstieg ebenfalls ein kurzer Abschnitt unmarkiert (siehe Text)

Einkehr Schuhbräualm, Tel. +49-8034-2391, Mo. Ruhetag, www.schuhbraeu-alm.de (ca. 10 Min. abseits der Route)

Karte AV-Wanderkarte BY 16, Mangfallgebirge Ost, 1:25.000

Blumen am Weg Bitteres und Klebriges Schaumkraut, Sumpfdotterblume, Buchsblättrige Kreuzblume, Kreuzblume, Mehlprimel, Herzblättrige Kugelblume, Mittlerer Wegerich, Scheiden-Kronwicke, Zypressen-Wolfsmilch, Alpen-Steinquendel, Kriechender Günsel, Gewöhnliches Kreuzlabkraut, Trollblume, Alpenmaßliebchen, Hornklee, Breitblättriges Knabenkraut, Frühlings-Enzian, Stängelloser Kalk-Enzian, Rote Lichtnelke, Bachnelkenwurz, Trollblume, Berg-Baldrian, Wiesen-Schlüsselblume

Schuhbräualm auszumachen; für den Abstecher folgen wir den abwärts führenden Pfadspuren in die entsprechende Richtung.

Für den Abstieg empfehlen wir eine kleine Wegvariante: Statt vom Wegkreuz unterhalb des Mitterbergs wieder an den Buchen vorbei den Hang zu queren, wandern wir geradeaus direkt nach Westen zu einem kleinen Aussichtspunkt und steigen dann auf dem klar erkennbaren Steig ab; die beschilderte Antretteralm lassen wir dabei links liegen. Dabei stoßen wir auf zahlreiche Herzblättrige Kugelblumen, deren grundständige Laubblätter im Gegensatz zur nacktstängeligen Schwester nicht flach am Boden aufliegen (siehe Tour 7). Eine Besonderheit ist die gelb blühende Scheiden-Kronwicke: Die gefächerten Blätter sind im Gegensatz zum ähnlichen Gewöhnlichen Hufeisenklee deutlich fleischiger.

Wir stoßen auf den von der Antretteralm kommenden Güterweg und rechts haltend auf die vom Aufstieg bekannte Weggabelung.

Naturraum Moor im Loisachtal

Trotz der Zersiedelung des oberen Loisachtals sind zwischen dem Schwemmkegel Friedergries bei Griesen (siehe Tour 19) und dem Murnauer Moos bei Murnau (siehe Band 1) etliche Natur-Kleinode mit seltenen Pflanzen erhalten geblieben. Weniger bekannt ist das Pfrühlmoos südlich von Eschenlohe, das an seinem östlichen Rand auf einem bequemen Güterweg erschlossen werden kann. Bereits im Frühjahr blühen am Rand des Estergebirges von verschiedenen Knabenkräutern über die Brunnenkresse bis zum Fieberklee zahlreiche botanische Raritäten. Und wer den kleinen Umweg über den „Sportplatz-Hügel" wählt, wird von der Magie größerer Maiglöckchen-Kolonien gefangen genommen.

Vom Parkplatz folgen wir dem Forstweg nach Süden (Wegweiser Krottenkopf) und zweigen nach etwa 200 Metern rechts in den unmarkierten Weg ab (das Gatter am Parkplatz merken wir uns für die Rückkehr vor). Der Waldboden ist von den weiß um die Wette blühenden Maiglöckchen und Wohlriechenden Weißwurzen bedeckt. An einer Weggabelung führt uns Wanderweg 12 (Ww. Archtalschlucht) am linken Rand des Sportplatzes entlang. Als ob die Maiglöckchen die örtlichen Fußballer anfeuern müssten, haben sie sich hier zu Hunderten formiert. Und zwar in einer Blütenstärke von oft über zehn je Exemplar – so üppig haben wir Maiglöckchen selten blühen sehen!

Wir folgen dem Wanderweg 1 in Richtung der Sieben Quellen; nach kurzem, steilem Abstieg ist der Güterweg im Loisachtal erreicht. Der Quellteich und die beidseitig des Weges mit steter Kraft und Ausdauer aus dem Erdboden

Glasklares Bachwasser an den Sieben Quellen

hervorsprudelnden Quellen – rund 1000 Liter glasklares Wasser pro Sekunde fließen somit in den Mühlbach! – ziehen den Betrachter in ihren Bann. In diesem Quellgebiet fühlt sich auch die Echte Brunnenkresse wohl, die sich durch die gelben Staubblätter vom in unmittelbarer Nachbarschaft blühenden und sehr ähnlichen Bitteren Schaumkraut (violette Staubblätter) unterscheidet (siehe Tour 11).

Es folgt eine freie Wiese mit verschiedenen Knabenkräutern, bevor sich rechts von uns das weite Pfrühlmoos öffnet. Bereits vom Weg erkennen wir die üppig gedeihenden weißen Blüten des seltenen Fieberklees, der dank der durch Wurzel und Stängel führenden Luftröhre quasi auf dem Wasser schwimmen kann. Kaum weniger attraktiv als die Blütenpracht auf Moor und Feuchtwiese sind die am Wegesrand

Maiglöckchen

Familie	Maiglöckchengewächse
Blütezeit	Mai bis Anfang Juni

Lebensraum In Laubwäldern oft in großen Gruppen an halbschattigen und sommerwarmen Standorten

Wichtigste Merkmale
- 10–30 cm Höhe
- Traube aus 5–15 weißen, glockig-nickenden und süßlich duftenden Einzelblüten
- Die zwei bis drei übereinander gelappten lanzettlichen Laubblätter bilden einen Scheinstängel und schützen die Blüte.

Schon gewusst? An zu schattigen Standorten bilden sich oft nur die giftigen Blätter aus, die dem gern gesammelten Bärlauch zum Verwechseln ähnlich sind. Letzterer sprießt gewöhnlich jedoch bereits ab März aus dem Boden und duftet zudem nach Knoblauch. Wohldosiert wird das Maiglöckchen aufgrund der Glykoside sogar als Heilpflanze verwendet.

Fundstellen unterwegs Wälder zwischen Parkplatz und Talboden

Beim Breitblättrigen Knabenkraut reichen die Laubblätter bis an die Blüte heran.

auftauchenden Strauchblüten von Gewöhnlichem Berberitze (gelb) und Eingriffigem Weißdorn (weiß).

Möglicher Umkehrpunkt ist das Kneipp-Becken an den Quelltöpfen des Lauterbachs etwa drei Kilometer südlich der Sieben Quellen. Bahnreisende können bequem in das nahe Oberau wandern und dort ihre Streckentour am Bahnhof beenden. Die Autofahrer kehren auf dem Rad- und Wanderweg zurück. Kurz vor Eschenlohe erreicht man einen schönen

Pittoreske Baumwurzel am Wegesrand

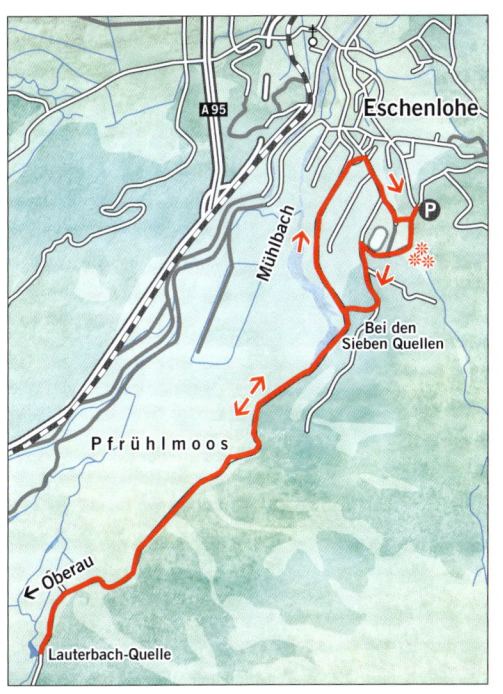

Schwierigkeit	▲
Gehzeit	2–3 Std.
Höhenmeter	90
Recherche	19. Mai

Route Wanderparkplatz → Sieben Quellen → Pfrühlmoos Lauterbach-Quelle → Eschenlohe → Wanderparkplatz

Anfahrt

ÖVM Deutsche Bahn nach Eschenlohe, vom Bahnhof ins Ortszentrum, Isarbrücke überqueren, auf Krottenkopf- und Schellenbergstraße zum Wanderparkplatz

Auto A 95 Ausfahrt Eschenlohe, Wegweisern in die Ortsmitte folgen und ab Isarbrücke auf Krottenkopf- und Schellenbergstraße zum Wanderparkplatz

Navigation N 47.588799°, E 11.193352°

Charakter Einfache Flusstalwanderung mit nur geringen Steigungen südlich von Eschenlohe auf vorwiegend breiten Wegen

Wegweiser Erster Wegabzweig nicht beschildert, dann auf Wanderwegen 12 (Archtalschlucht) und 1 (Sieben Quellen) in das Loischatal, wo man auf dem Wander- und Radweg bleibt.

Karte AV-Wanderkarte BY 9, Estergebirge, 1:25.000

Blumen am Weg Vergissmeinnicht, Wohlriechende Weißwurz, Maiglöckchen, Weißes Waldvögelein, Goldnessel, Akelei, Großes Zweiblatt, Berg-Flockenblume, Bitteres Schaumkraut, Barbarakraut, Breitblättriges und Fleischfarbenes Knabenkraut, Echte Brunnenkresse, Taumelkälberkropf, Zweiblättriges Schattenblümchen, Fieberklee, Lichtnelke, Bachnelkenwurz, Greiskraut, Trollblume, Gewöhnliche Kreuzblume, Immergrün, Mehlprimel, Herzblättrige Kugelblume, Hornklee, Skabiose, Zottiger Klappertopf, Kuckucks-Lichtnelke, Silberwurz, Wiesen-Witwenblume, Teufelskralle

Aussichtspunkt mit weitem Blick über das Loisachtal hinaus bis zur Zugspitze. Nach Passieren der bunten Blumenwiese biegen wir rechts in die Zugspitzstraße, halten uns an der Siemensstraße rechts und folgen vor Erreichen des Sportplatzes an der Straßenlaterne links dem Fußweg, der über die Wiese zum Parkplatz quert.

Brunnenkresse statt Löffelkraut

Einheimische hatten uns erzählt, dass im Kupferbachtaler Flachkalkmoor das streng geschützte Bayerische Löffelkraut vorkommen würde. Der Bund Naturschutz spricht auf seiner Homepage gar von einer „globalen Verantwortung" Bayerns für seinen Pflanzen-endemiten. Grund genug, sich auf den gut begehbaren Trampelpfaden am Kupferbach einmal nach den typisch löffelartigen Grundblättern und der kreuzförmigen Blüte umzu-sehen. Doch das Entdecken seltener Blüten ist kein Wunschkonzert, weshalb wir die Suche auf kommendes Jahr – dann wohl im April – verschieben müssen. Gut, dass die über sechs Kilometer lange Rundtour auch ohne Löffelkraut ein echtes Naturerlebnis darstellt und wir zum Trost die ebenfalls seltene Echte Brunnenkresse entdecken.

Der Kupferbach im grünen Dickicht

Am Nordwestende des Lauser Weihers führt ein Fahrweg mit einem beeindruckenden Weiße-Wiesen-Margeriten-Blüten-gegen-blauen-Himmel-Blick zum Gehöft in Oberstetten. Hier geht die Teerstraße in einen geschotterten Wiesenweg über, nach kurzem Abstieg ist die Sohle des Kupferbachtals erreicht. An den sonnigen Ufern des kleinen Moorbachs fühlt sich die Echte Brunnenkresse ebenso wohl wie die hübschen Libellen in ihrem Liebestanz.

Nach Überqueren der provisorischen Bach-brücke biegen wir links in den Waldpfad (Schild „Naturschutzgebiet", Weg 7). An der Weggabelung halten wir uns links und bleiben stets im Talgrund am Waldrand. Bald ist das Plätschern des Kupferbachs zu vernehmen, auch weil das Wandern auf dem weichen, von Baumwurzeln durchzogenen Waldboden kaum Geräusche verursacht. An den mit Feuchtigkeit durchtränkten Ufern könnte das Bayerische Löffelkraut blühen!

Die Bachbrücke ist der Umkehrpunkt der Tour. Wir überqueren den Kupferbach und folgen geradeaus dem Fahrweg nach Spielberg. Oben angekommen, wandern wir an der T-Kreuzung kurz links und dann auf klar erkennbarem Weg rechts (an der folgenden Gabelung links halten!) nach Süden. Der „Holzfällerweg" – zuweilen müssen quer stehende Baumstämme überstiegen werden! – führt zuletzt leicht absteigend auf eine Lichtung zu.

Wir streben geradeaus über die Wiese dem gegenüberliegenden Waldrand zu und folgen dort dem nach links führenden Weg. Bis zu der auffälligen Baumgruppe vor dem Schilfgürtel gilt es, am Waldrand zu bleiben (den rechts aus dem Tal hochführenden Weg ignorieren!), dann führen

Echte Brunnenkresse

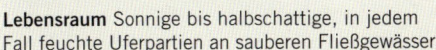

Familie	Kreuzblütengewächse
Blütezeit	Mai bis September

Lebensraum Sonnige bis halbschattige, in jedem Fall feuchte Uferpartien an sauberen Fließgewässern

Wichtigste Merkmale
- 20–90 cm Höhe
- Traubige Blütenstände mit vierzähligen weißen Blüten
- Hoher, kantiger Stängel mit wintergrünen, kahlen und gefiederten Blättern

Schon gewusst? Der Brunnenkresse zum Verwechseln ähnlich sieht das Bittere Schaumkraut, das aber durch die violetten Staubblätter klar zu identifizieren ist. Die Samen bleiben zuweilen im Vogelgefieder haften und sorgen somit für eine Verbreitung der Pflanze.

Fundstellen unterwegs Sonnige Bachufer im Kupferbachtal

Schwierigkeit	▲	
Gehzeit	2 Std.	
Höhenmeter	80	
Recherche	20. Mai	

Route Lauser Weiher → Oberstetten → Kupferbach → Spielberg → Oberstetten → Lauser Weiher

Anfahrt

Auto A 8 Ausfahrt Holfoldinger Forst, Landstraße über Aying (St 2070) nach Großhelfendorf (St 2078), links ab über Kleinhelfendorf nach Unterlaus (kleiner Parkplatz am Nordufer des Lauser Weihers)

Navigation N 47.941058°, E 11.861029°

Charakter Kurze, aber landschaftlich äußerst reizvolle Runde im Naturschutzgebiet Kupferbachtal. Die Wege und Pfade sind bei trockenen Verhältnissen gut zu gehen.

Wegweiser Kaum vorhanden, aber die Orientierung ist durch den klaren Verlauf des Kupferbachtals leicht. Auf dem Rückweg kurze weglose Passagen

Karte Kompass Wanderkarte Nr. 181, Rosenheim, 1:50.000

Blumen am Weg Hornklee, Wiesen-Margerite, Wiesen-Witwenblume, Wiesen-Glockenblume, Echte Brunnenkresse, Zypressen-Wolfsmilch, Bachnelkenwurz, Kuckucks-Lichtnelke, Wollgras, Wiesen-Knöterich, Vergissmeinnicht, Waldmeister, Goldnessel, Ährige Teufelskralle, Feld-Steinquendel, Gewöhnlicher Giersch

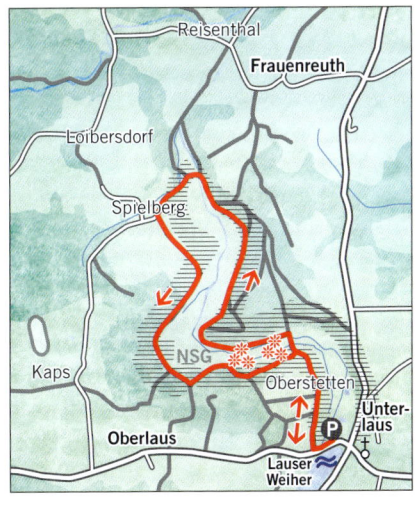

jenseits einer üppigen Giersch-Wiese Steigspuren halbrechts in den Wald. Falls wir den Einstieg verpassen: Der solide Rückweg zum Oberstetten-Gehöft führt etwa 50 Höhenmeter oberhalb der Talsohle nach Osten. Notfalls muss man also ein kurzes wegloses Stück durch den Wald hochqueren.

Enzianblau über der Weißenbachschlucht

Frühlings-Enzian auf den Gipfelwiesen des Zinnenbergs

Seit Schließung der Klausenhütte ist der Zinnenberg zwar immer noch kein Geheimtipp, aber anders als seine prominenten Nachbarn Hochries und Spitzstein relativ wenig begangen. Wer dann auch noch die abenteuerliche Weißenbach-Schlucht und den teils weglosen Ostrücken als Aufstiegsvariante wählt, erlebt das Priental in vollkommener Einsamkeit. Auf dem plateauähnlichen Gipfel blüht der Frühlings-Enzian in rauen Mengen, doch auch die Buchsblättrige Kreuzblume ist vor allem an der im Mai noch verwaisten Schloßrinn-Alm in respektabler Anzahl anzutreffen.

zu unserem Gipfelziel. Mit ein wenig Geländespürsinn ist diese klassische „Geheimroute" jedoch problemlos zu meistern.

Die Schlucht am Eingang des Weißenbachtals ist vom Wanderparkplatz nur etwa 200 Meter nordwärts entfernt, doch der Einstieg erweist sich als etwas ungewöhnlich: Man übersteigt die Leitplanke an der Bachbrücke, um am rechten Bachufer dem kleinen Pfad die Böschung hinauf zu folgen. Rasch stößt man auf einen gut ausgeprägten Steig, der stets am Bach entlang talein führt. Blüten gibt es hier zu dieser Jahreszeit relativ wenige, sofern in milden Jahren nicht bereits einige Orchideen (Großes Zweiblatt, Schwertblättriges Waldvögelein!) blühen. Ein hübsches Echtes Lungenkraut – erkennbar an der rot-violetten Blüte und den weiß gefleckten Blättern – blüht direkt am Wegesrand. Bald mündet ein Seitenbach in das gumpenreiche Weißenbachtal, den man überquert, um auf dem anfangs steilen Pfad aus dem Talboden herauszusteigen.

Eine Warnung vorneweg: Wer über wenig Orientierungssinn und Trittsicherheit verfügt, möge vom Wanderparkplatz in Hainberg (2 km vor Grattenbach) auf beschilderter Route über die Klausenhütte zum Zinnenberg aufsteigen (unser Abstieg). Denn weder Wegweiser noch Markierungen helfen uns beim abenteuerlichen Bachschlucht- und Gratrücken-Anstieg

Der Pfad führt über den Geländerücken in das Schluchtende mit Blick auf zwei Wasserfälle. Ab hier geht es in vielen Kehren den steilen Wiesenhang empor. Durch die Sonneneinstrahlung trocknet das Gelände rasch ab, der Pfad ist gut zu gehen. Bei Feuchtigkeit oder nach Schneerückfällen können indes Probleme entstehen (Lawinenkegel). Am

Buchsblättrige Kreuzblume

Familie Kreuzblumengewächse
Blütezeit April bis Juni

Lebensraum Lichte und sonnige Kiefernwälder, Gebüsche und Magerrasen

Wichtigste Merkmale
- 5–30 cm Höhe
- 1–3 Blüten je Blattachsel anfangs eher hell (weiß bis gelborange), später dunkler (purpurn bis orangebraun)
- Immergrüner Zwergstrauch mit elliptischen, ledrigen Blättern; der Stängel liegt meist nieder.

Schon gewusst? Außerhalb von sonnenverwöhnten Kieferwäldern ist die Pflanze relativ selten – im Mittelmeerraum gilt sie gar als Relikt der Eiszeit. Früher wurde ihr die Wirkung nachgesagt, die Milchsekretion stillender Frauen zu stärken.

Fundstellen unterwegs Vorwiegend zwischen Weißenbachtal und Schoßrinn-Alm

Im Gegensatz zur blütenarmen Schlucht sind die Wiesen nun von zahlreichen Blüten übersät. Es dominiert das Blau des Stängellosen Kalk- und Frühlings-Enzians, aber auch die Buchsblättrige Kreuzblume blüht in voller Pracht!

Am Geländekopf folgen wir dem Pfad jenseits des Zaunüberstiegs, der sich jedoch später verliert. Zwischen Altschneefeldern sprießen zahlreiche Frühlings-Krokusse hervor. Oberhalb der flachen Waldpassage dominieren Latschenfelder das steiler werdende Gelände. Man hält sich mit Blick auf den benachbarten Klausen rechts der Gratkante und peilt zwischen kurzen Latschengassen hindurch – hier nach dem besten Durchschlupf suchen! – den Gipfel des Zinnenbergs an. Hinter dem schmiedeeisernen Kreuz öffnet sich eine flache Wiesen-Landschaft mit herrlichem Blick auf den Wilden Kaiser, die Kitzbüheler Alpen und das Mangfallgebirge.

Für den Abstieg müssen wir einige hundert Meter weglos die flachen Wiesen nach Südwesten absteigen, um in den rot markierten Steig zur Klausenhütte zu münden. Dabei erfreuen wir uns am flächendeckenden Anblick der aus der Erde sprießenden Frühlings-Enziane! Vor Erreichen der Hütte, die wir letztlich links liegen lassen, blüht die Sumpfdotterblume in einem Feuchtbiotop massenhaft. Je nach Restschneelage sind auch die Krokusse wieder sehr präsent.

Nächstes Ziel ist der Forstweg südlich der Angereralm, dem wir anfangs flach um den Geländevorsprung herum absteigen (herrliche Alpenglöckchen-Bestände!). Etwas unterhalb können wir die langgezogenen Kehren auf einem Steig (schöne Akeleien!) abkürzen. Etwa 100 Meter oberhalb des Talbodens – der Talort Hainbach ist bereits zu erahnen – bleiben wir jedoch auf der in südliche Richtung führenden Forststraße, die etwa 500 Meter nördlich von Grattenbach in die Staatsstraße mündet.

„Ausstieg" aus dem Hang stoßen wir auf einen Querpfad, dem wir nach rechts zu einem ausgeprägten Geländerücken folgen. Wir steigen etwa 100 Meter an, um dann auf Pfadspuren schräg rechts zur Schoßrinn-Alm zu queren. Hier peilen wir nicht den tiefer gelegenen Almweg an, sondern queren die Wiese zuletzt steiler ansteigend oberhalb der Hütte bis zum begrasten Geländekopf, der quasi am Fuß des vom Zinnenberg herabführenden Nordostgrates liegt.

Frühlings-Enzian

Familie Enziangewächse
Blütezeit März bis August

Lebensraum Magerrasen, steinige Bergwiesen, Schafweiden

Wichtigste Merkmale
- 5–15 cm Höhe
- 2–3 cm lange, einzelne blaue Blüte mit enger Röhre und 5 ausgebreiteten Zipfeln, die sich bei kühler Witterung schließen.
- Blätter in Grundrosetten, lanzettlich und steif

Schon gewusst? Der Frühlings-Enzian wird im Volksmund auch „Schusternagel" oder „Blitznagele" genannt. Letzteres basiert auf dem Aberglauben, dass eine ins Haus getragene Blume dort einen Blitzeinschlag verursache. Anderen Gerüchten zufolge habe allein das Abpflücken der geschützten Pflanze zeitnah den Tod zur Folge.

Fundstellen unterwegs Vereinzelt an Schoßrinn-Alm und in Sichtweite der Klausenhütte, massenhaft auf den flachen Gipfelwiesen des Zinnenbergs

Schwierigkeit	▲▲
Gehzeit	4 ½ Std.
Höhenmeter	900
Recherche	21. Mai

Route Grattenbach → Schluchtende Weißenbachtal → Schoßrinn-Alm → Zinnenberg → Grattenbach

Anfahrt

Auto A 8 Ausfahrt Frasdorf, B 175 nach Aschau und St 2093 nach Grattenbach, kleiner Parkplatz 100 m vor dem Ortsschild links an der Straße

Navigation N 47.72007°, E 12.290182° (Grattenbach); N 47.734532°, E 12.304516° (Hainbach)

Charakter Auch oberhalb der Schoßrinn-Alm sind mangels ausgeprägter Pfade Orientierungssinn und Bergerfahrung gefragt! Am Zinnenberg mündet die Route in einfaches Gelände, ab hier schwach markierte Pfade.

Wegweiser Der Normalweg über die Klausenhütte zum Zinnenberg – den wir im Abstieg nehmen! – ist im Gegensatz zur „Pionierstrecke" durch die Weißenbachschlucht sehr gut beschildert und markiert.

Karte AV-Wanderkarte BY 17, Chiemgauer Alpen West, 1:25.000

Blumen am Weg Großes Zweiblatt, Buchsblättrige Kreuzblume, Berg-Flockenblume, Waldvögelein, Veilchen, Echtes Lungenkraut, Gewöhnliche Kreuzblume, Frühlings-Enzian, Stängelloser Kalk-Enzian, Herzblättrige Kugelblume, Seidelbast, Alpenglöckchen, Krokus, Schneeheide, Alpenhahnenfuß, Sumpfdotterblume, Hohe Schlüsselblume, Pestwurz, Neunblättriger Zahnwurz, Akelei, Rote Lichtnelke, Berg-Baldrian

Almidylle über dem Achental

Beim steilen Waldaufstieg zur Oberauerbrunstalm kommt man ganz schön ins Schnaufen. Doch wenn das Sonnenlicht durch die Baumwipfel dringt und die Akeleien, Waldvögelein und Maiglöckchen am Wegesrand bizarr beleuchtet, ist die Mühe rasch vergessen. Mit Erreichen des oberen Waldrandes lehnt sich das Gelände dankbar zurück und die Almwiesen sind mit einer Vielzahl von Frühlingsblumen übersät. Während der Almsaison bietet die freundliche Oberauerbrunst-Sennerin schmackhafte Brotzeiten und Kuchen an: Aussicht und Ambiente sind grandios!

Vorab ein Tipp für die Anfahrt auf der B 307: Kurz vor Mettenham, also quasi in Sichtweite unseres Zielgebiets, passieren wir das versteckt gelegene Naturschutzgebiet Mettenhamer Filzen! Ein kurzer Autostopp auf Höhe des Campingplatzes Zeller See lohnt sich, denn auf den umliegenden Streuwiesen entdecken wir nicht nur das rosafarbene Blütenmeer der Kuckucks-Lichtnelke, sondern auch die hübsche Sibirische Schwertlilie!

Am Wanderparkplatz westlich von Schleching führt die Teerstraße im Bogen zum Oberauer Bauernhof (Ww. Oberauerbrunst), der von üppigen Blumenwiesen umgeben ist. Am Wildgehege geht es links in einen schönen Waldweg zu einer Forststraße, hier wenige Meter rechts halten und links dem Steig in den Wald folgen. Nach kurzer Steigung zweigt der Stefan-Gnadl-Weg zum Aussichtspunkt „Vogelschau" ab. Der Hauptweg führt recht steil in Kehren durch den Wald empor. Einige Waldvögelein strecken ihren langen Blütenstand – bestehend aus bis zu 30 weißen Blüten, die ohne Lichteinfall eher geschlossen bleiben – grazil in die Höhe. Ob die Maiglöckchen direkt am Wegesrand in voller Blüte stehen, ist Glückssache.

Auf den Almwiesen rund um die Oberauerbrunstalm kommt der Blumenfreund dann spä-

Schwierigkeit	▲▲
Gehzeit	2 Std.
Höhenmeter	360
Recherche	21. Mai

Route Mühlau → Oberauerbrunstalm → Mühlau

Anfahrt

Auto A8 Ausfahrt Bernau, B305 nach Marquartstein, B307 Richtung Schleching, nach Mettenham rechts in den Ortsteil Mühlau (Kampenwandstraße) und 500 m talein zum Wanderparkplatz am Wimbach (Dalsenstraße)

Navigation N 47.728673°, E 12.392213°

Charakter Nach kurzer Asphaltstrecke erst bequemer, dann steiler, aber solider Waldweg bis zum flachen Almgelände

Wegweiser Schilder in Richtung „Oberauerbrunst" und Hochplatte

Einkehr Oberauerbrunstalm, ab Mai/Juni am Wochenende bewirtschaftet, Tel. +49-8649-220 (Tourist-Info Schleching)

Karte AV-Wanderkarte BY 17, Chiemgauer Alpen West, 1:25.000

Blumen am Weg Wald-Storchschnabel, Wiesen-Glockenblume, Wiesen-Bocksbart, Skabiose, Goldnessel, Taubenkropf-Leimkraut, Berg-Flockenblume, Vogel-Nestwurz, Dunkle Akelei, Waldvögelein, Hornklee, Ährige Teufelskralle, Maiglöckchen, Wohlriechende Weißwurz, Mehlprimel, Stängelloser Kalk-Enzian, Herzblättrige Kugelblume, Klappertopf, Echte Brunnenkresse

Herzblättrige Kugelblume

Familie Kugelblumengewächse
Blütezeit Mai bis Juli

Lebensraum Felsdurchsetzte Rasen und Felsnischen in warmer Sonnenlage

Wichtigste Merkmale
- 5–10 cm Höhe
- Blaue bis violette Blüte mit halbkugeligem Köpfchen
- Rosettenartige Blätter mit einer unauffälligen herzförmigen Einkerbung, ledrige Blätter auch am unverzweigten Stängel

Schon gewusst? Das von der Blüte ähnliche Berg-Sandglöckchen verzweigt sich in der Stängelmitte in mehrere Ableger, die Blütenfarbe geht etwas mehr ins Bläuliche.

Fundstellen unterwegs Wiesen an der Oberauerbrunstalm

testens auf seine Kosten. Während auf der unteren Wiese vor allem die Mehlprimel dominiert (siehe Tour 9), breitet sich oberhalb der Alm in teppichähnlichen Polstern die Herzblättrige Kugelblume aus. Auch für reiche Vorkommen der blauen Enziane ist die Gegend hier bekannt. Bedingt durch die bevorzugte Sonnenlage sprießt und blüht es hier gewöhnlich früher als anderswo.

Falls der Entdeckungstrieb noch nicht gestillt sein sollte, kann man noch die Wiesen in Richtung Teufelstein und Hochplatte erkunden. Andernfalls sucht man sich vor dem Abstieg ein schönes Picknickplätzchen auf der saftigen Wiese oder auf der Terrasse der Oberauerbrunstalm, deren Dach mit Holzschindeln gedeckt ist.

Die Oberbrauerbrunstalm ist nur am Wochenende bewirtschaftet.

Abenteuer Schlucht für Blütengourmets

„Achtung! Klamm derzeit nicht begehbar." Dieses Warnschild der Thierseer Bergwacht hätte uns fast zur Umkehr bewegt. Erst nach Rücksprache mit einem älteren Einheimischen, der eine aktuelle Gefahrenlage durch Steinschlag oder Hochwasser ausschließen kann, wagen wir uns an das Unternehmen Glemmbachklamm. Später erfahren wir, dass der Klammsteig einen Tag nach unserer Recherche (!) wieder frei gegeben wurde: Der strenge Winter hatte eine umfangreiche Wegsanierung erfordert. Dass man den Bach zehnmal durchwaten muss, lässt sich mit wasserfesten Trekkingsandalen an einem warmen Tag problemfrei bewältigen. Und die Blütentafel ist in der Schlucht so fein garniert wie der Teller in einem Sternelokal.

Nach Überqueren der Bachbrücke am Parkplatz wandert man auf breitem Weg südwärts (Ww. Glemmbachklamm, Jochberg) und erreicht nach etwa 20 Minuten den beschilderten Abzweig in die Schlucht. Rasch mutiert der bequeme Weg zu einem wunderschönen Pfad. Bereits beim ersten Abstieg in den Talboden folgt die erste freudige Entdeckung: Eine Frauenschuh-Kolonie! Später werden wir die Pracht-Orchidee (siehe Tour 17) noch an wenigstens sechs verschiedenen Stellen in vollster Blüte sehen!

Die Klammbegehung ist für trittsichere Wanderer eine genussvolle Herausforderung: An Engstellen weicht der gut erkennbare Pfad in teils luftige Steilhang- und Felspassagen aus, meist führt er aber leicht ansteigend und idyllisch durch die üppige Schluchtbotanik. Dabei muss das Bachufer oftmals gewechselt werden, mangels Brücken watet man barfuß oder mit Trekkingsandalen durch das sprudelnd-kühle Wasser. Und gerade im Mai durchwandert man ein wahres Blütenparadies: Neben zahlreichen Orchideen – auch Knabenkräuter, Waldvögelein und das Große Zweiblatt sind anzutreffen! – stoßen wir auf Raritäten wie die Dunkle Akelei, die Waldrebe und das Alpen-Fettkraut. Auch der Alpenrachen, eine gelb blühende Voll- bzw. Halbschmarotzerpflanze, und der schöne

Gewöhnliches Fettkraut ✳

Familie	Wasserschlauchgewächse
Blütezeit	Mai bis Juni

Lebensraum Quell- und Flachmoore oder in Nähe von Quellbächen (Rieselfluren)

Wichtigste Merkmale
- 5–20 cm Höhe
- Einzelne violette Blütenkrone mit weißem Schlundfleck
- Klebrig-drüsige, am Rand aufgerollte hellgrüne Blätter in grundständiger Rosette

Schon gewusst? Die fleischfressende Pflanze fängt die Insekten mit ihren klebrigen Drüsenhaaren. Verdauungsenzyme nehmen die einzelnen Bestandteile dann zum Aufpäppeln des Stickstoffhaushalts auf.

Fundstellen unterwegs Hänge beim Ausstieg aus der Klamm und bei der Höhenquerung (Rückweg)

In der Glemmbachklamm muss der Bach mehrfach überquert werden. Zum Lohn entdecken wir an mehreren Stellen den edlen Frauenschuh, den Alpenrachen und das Große Zweiblatt.

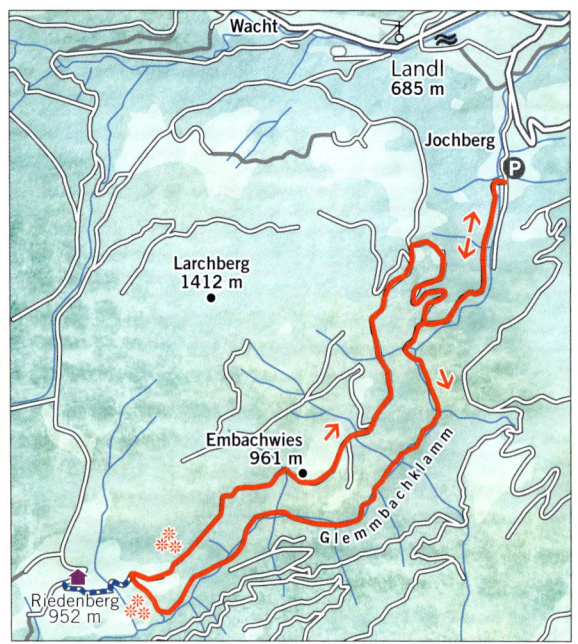

Schwierigkeit	▲ ▲ ▲
Gehzeit	3 ½ Std.
Höhenmeter	380
Recherche	25. Mai

Route Brücke Glemmtal → Glemmbachklamm → Riedenberg → Brücke Glemmtal

Anfahrt

Auto A 8 Ausfahrt Weyarn, B 307 Bayrischzell, St 2075 Richtung Thiersee, nach Landl Abzweig Hinterthiersee, am Beginn der Steigung rechts den Wanderschildern (Glemmbachklamm, Jochberg) folgen, Teerstraße bis Bachbrücke (Parkmöglichkeit)

Navigation N 47.579971°, E 12.044041°

Charakter Atemberaubende Klammbegehung mit wenigen ausgesetzten Passagen (Drahtseile) und brückenlosen Bachüberquerungen! Nur bei trockenen Verhältnissen für trittsichere Wanderer geeignet! Der Rückweg erfolgt auf soliden Wegen.

Wegweiser Die Glemmbachklamm und der Schlucht-Ausstieg Richtung Riedenberg sind beschildert, in der Schlucht rote Markierungen bei Bachüberquerungen!

Einkehr Wastlwirt, Riedenberg, Tel. +43-5376-5822

Karte Kompass-Wanderkarte Nr. 8, Tegernsee Schliersee Wendelstein, 1:50.000

Blumen am Weg Alpenmaßliebchen, Bitteres Schaumkraut, Zyrpessen-Wolfsmilch, Bachnelkenwurz, Breitblättriges Knabenkraut, Finger-Zahnwurz, Trollblume, Frauenschuh, Waldrebe, Mehlprimel, Stattliches Knabenkraut, Echter Arznei-Baldrian, Gamander-Ehrenpreis, Berg-Flockenblume, Stängelloser Kalk-Enzian, Alpenrachen, Bergklee, Alpen-Steinquendel, Silberwurz, Schwertblättriges Waldvögelein, Großes Zweiblatt, Gewöhnliche Kreuzblume, Maiglöckchen, Akeleiblättrige Wiesenraute, Dunkle Akelei, Alpen-Fettkraut, Buchsblättrige Kreuzblume, Vielblütige Weißwurz, Gewöhnliches Fettkraut, Habichtskraut

Finger-Zahnwurz, erkennbar an den rosenroten Blüten in endständiger Traube und den drei- bis fünfzähligen Stängelblättern, scheinen das feuchte Schluchtklima zu lieben.

Der Schlucht-Ausstieg ist durch einen auffälligen roten Markierungspunkt nicht zu verfehlen. Zudem weist ein Schild auf den Riedenberger Wastl-Wirt hin. Steil führt der Pfad an den lila blühenden Kolonien des Gewöhnlichen Fettkrauts vorbei, das vom Aussterben bedroht und somit streng geschützt ist. Großartig, in welch stattlicher Anzahl es hier in „Berieselungszonen" – also meist in Nähe kleiner Quellbäche – direkt am Wegesrand auf steinigem Untergrund wuchert! Erstaunlich auch, dass es hier als typischer „Flachlandbewohner" deutlich häufiger vorkommt als sein weiß blühender Bruder, das Alpen-Fettkraut.

Der Pfad stößt auf einen Querweg: Links würde man als Abstecher zum Riedenberger Wastl-Wirt gelangen, rechts führt unser Rückweg in stetem Auf und Ab hoch über der Schlucht

– bemerkenswert auch die verschiedenen Habichtskräuter! – nach Norden. Am Embachwies-Bauernhof mündet der schöne Steig in eine Fahrstraße. Oberhalb von Jochberg dürfen wir unseren Abzweig nach rechts nicht verpassen: Der Wiesenpfad geht nach kurzem Abstieg im Almgelände in jenen Fahrweg über, der uns bequem in das Glemmtal zurückführt.

Im Schutz der Latschen

Die meisten Wanderer besteigen den Schinder durch das nordschattige Kar, obwohl Landschaft und Wegführung von Süden reizvoller sind. Das hängt zugegebenermaßen auch mit dem 9,5 Kilometer langen „Talhatscher" von Kreuth bis zum Einstieg unserer Tour zusammen. Doch wer die sogenannte Langenau mit dem Bike bewältigt – nur am Ende steigt der bequeme Forstweg etwas stärker an –, erlebt den Mode-Hausberg von seiner einsamen Sonnenseite. Für die anstrengende Gipfelbesteigung werden wir zwischen Schutt und Latschen mit nicht alltäglichen Blütenfunden belohnt.

Beim Anstieg zum Bayerischen Schinder quert man unterhalb einer imposanten Felswand.

Am großen Wanderparkplatz halten wir uns jenseits der Weißach-Brücke links und biegen an der folgenden Kreuzung rechts in den Fahrweg zur Schwaigeralm. Der Forstweg führt genussreich am Schwarzen Kreuz vorbei zur Langenaualm und nun stetig ansteigend zum Sattel oberhalb der Engelsbachklamm (1080 m, Bike-Depot).

Kreuth | Bayerischer (1790 m) und Österreichischer Schinder (1808 m)

An der Holzhütte beginnt, anfangs in Begleitung des Engelsbachs, der schöne Steig zum Schinder. Nach einer Passage durch lichten Wald öffnet sich das Gelände: Hunderte von Alpen-Fettkräutern bevölkern den sonnigen Wiesenhang! Der fleischfressende Artgenosse des Gewöhnlichen Fettkrauts (siehe Tour 14) fällt mit den hübschen gelben Flecken in seiner weißen Blüte sofort ins Auge. Ebenso weißgelb blüht der Alpen-Hahnenfuß oberhalb von 1300 Metern: Im Inneren der fünf weißen Kronblätter stehen zahlreiche gelbe Staubbeutel ab, mittig sind grüne Fruchtblätter erkennbar.

An der Rieselsbergalm-Einsattelung überqueren wir dann die Grenze nach Tirol in das Talbecken der nahen Ritzelberg-Alm. Unsere beiden Tagesziele bauen sich nun eindrücklich vor uns auf! Oberhalb der Alm folgen wir den Pfadspuren nach links (Schild „Schindertor und Rinne") und gewinnen in einem steilen Schuttfeld rasch an Höhe. Wir stoßen auf einen Querpfad, der links zum Bayerischen Schinder führt. Achtung: Durch Murenabgänge sind teilweise nur noch Trittspuren vorhanden, auch Restschneefelder können den Aufstieg erschweren. Dafür wächst der Gipfelauftrieb angesichts unzähliger Alpen-Aurikel (siehe Tour 7)! Und zwischen den Latschen erspähen wir neben den dunkelroten Knospen auch die hellrosa Blüten des Stein-

Steinröschen

Familie	Seidelbastgewächse
Blütezeit	Mai bis Juli

Lebensraum Nährstoffarme, steinige Standorte bis in hochalpine Lagen

Wichtigste Merkmale
- 5–25 cm hoher immergrüner Zwergstrauch
- Hellrosa Blüten in endständigen Dolden, Kelchröhre fein gestreift
- Äste aufgerichtet und verzweigt, Blätter bündeln sich in der Spitze der Zweige.

Schon gewusst? Der angenehme Fliederduft täuscht darüber hinweg, dass das Alpensteinröschen wie alle Seidelbaste ziemlich giftig ist.

Fundstellen unterwegs Am Latschen-Gipfelhang des Bayerischen Schinders, am österreichischen Nachbarn seltener

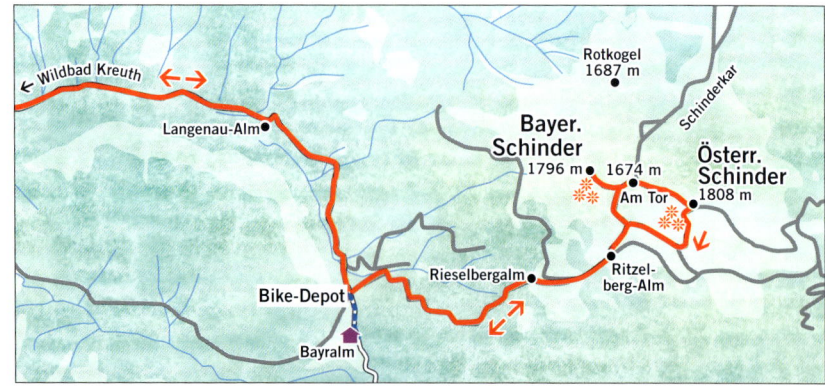

röschens, deren Früchte sich später ins Gelbbraune verfärben werden. Selbst am Gipfel blüht das seltene Seidelbastgewächs (anderer Name: Gestreifter Seidelbast) noch!

Nächstes Ziel ist der wesentlich häufiger begangene österreichische Nachbar. Hierfür steigen wir auf bekannter Route ab und queren nach der Weggabelung (siehe Aufstieg) zum Schindertor hinauf. Wenigstens diese wenigen Zusatzmeter sind obligatorisch, da sich direkt am Sattel zahlreiche Alpen-Hahnenfüße und die hübsche Zwerg-Alpenrose verbergen! Es folgen eine leichte Kraxelei durch einen Felskamin und ein schöner Latschensteig zu unserem zweiten Gipfel. Bei gutem Wetter allein wegen der fulminanten Aussicht eine äußerst lohnende Zugabe!

Für den Abstieg wählen wir den Genusspfad an der Südflanke des Österreichischen Schinders (Ww. Ritzelberg-Alm, Kreuth) – neben dem Steinröschen blüht hier auch der Echte Seidelbast! – und erreichen somit das vom Aufstieg bekannte Terrain.

Schwierigkeit	▲▲▲
Gehzeit	4 ½ Std. (Fahrzeit: ca. ¾ Std.)
Höhenmeter	1170 (280 Bike; 890 Hike)
Recherche	27. Mai

Route Wildbad Kreuth → Sattel Bike-Depot → Ritzelberg-Alm → Bayer. Schinder → Österr. Schinder → Ritzelberg-Alm → Sattel Bike-Depot → Wildbad Kreuth

Anfahrt

ÖVM Bayerische Oberlandbahn (BOB) nach Tegernsee, RVO-Bus 9556 nach Wildbad Kreuth

Auto A 8 Ausfahrt Holzkirchen, B 307 über Tegernsee nach Wildbad Kreuth (großer Wanderparkplatz)

Navigation N 47.625907°, E 11.747131°

Charakter Die knapp 10 km lange Strecke durch die Langenau legt man bequem mit dem Bike zurück (280 Hm). Dann abwechslungsreicher Bergsteig zur Ritzelberg-Alm. Anstieg zum Bayer. Schinder teils sehr steil, schrofig und rutschig! Auch der Übergang zum Österr. Schinder erfordert Trittsicherheit (Drahtseile)!

Hinweis Ohne Besteigung des Österr. Schinders verkürzt sich die Tour um knapp eine Stunde.

Wegweiser Von Wildbad Kreuth Richtung Langenau und Bayralm, markierter Steig zum Schinder (oberhalb der Ritzelberg-Alm schräg links halten)

Einkehr Bayralm (Brotzeiten; 400 m südlich des Sattels am Bike-Depot); Schwaigeralm, Tel. +49-8029-272, Mi. Ruhetag

Karte AV-Wanderkarte BY 15, Mangfallgebirge Mitte, 1:25.000

Blumen am Weg Frühlings-Enzian, Alpen-Fettkraut, Zweiblütiges Veilchen, Gold-Hahnenfuß, Buchsblättrige Kreuzblume, Wald-Bingelkraut, Eisenhutblättriger Hahnenfuß, Alpenmaßliebchen, Wundklee, Brillenschötchen, Stängelloser Kalk-Enzian, Gewöhnliche Kreuzblume, Mehlprimel, Alpenglöckchen, Hohe Schlüsselblume, Lungenkraut, Alpen-Hahnenfuß, Sumpfdotterblume, Silberwurz, Nacktstängelige Kugelblume, Alpen-Aurikel, Trollblume, Krokus, Zwerg-Alpenrose, Steinröschen, Schneeheide, Seidelbast

Die Zwerg-Alpenrose blüht unmittelbar am Schindertor.

①

②

③

⑦

Unser „Juni-Blütenstrauß"…

⑧

⑫

⑬

⑭

⑯

⑰

⑱

1 Drüsiger Gilbweiderich (VI–VIII)
2 Gewöhnliche Nachtkerze (VI–IX)
3 Echtes Labkraut (VI–IX)
4 Feuerlilie (VI–VII)
5 Sumpf-Schwertlilie (V–VI)
6 Vogel-Nestwurz (V–VI)
7 Weidenblättriges Ochsenauge (VI–IX)
8 Grasnelkenblättriges Habichtskraut (VI–VIII)
9 Gold-Pippau (VI–IX)
10 Berg-Pippau (VI–IX)
11 Wiesen-Pippau (V–IX)
12 Rauhaariger Alant (V–VIII)
13 Wiesen-Bocksbart (V–VII)
14 Beblättertes Läusekraut (VI–VIII)
15 Blutrote Sommerwurz (V–VIII)
16 Spargelerbse (V–VII)
17 Wiesenwachtelweizen (VI–X)
18 Gelbe Platterbse (VI–VIII)
19 Gold-Fingerkraut (VI–IX)
20 Gewöhnl. Sonnenröschen (V–VIII)
21 Braun-Klee (VI–VIII)

1 Allermannsharnisch (VI–VIII)

2 Schnee-Hainsimse (V–VII)

3 Breitblättriges Wollgras (VI–VIII)

4 Akeleiblättrige Wiesenraute (V–VII)

5 Strauß-Glockenblume (VI–VIII)

6 Berghähnlein (V–VII)

7 Geruchlose Strandkamille (VI–X)

8 Ebensträußige Wucherblume (VI–VIII)

9 Blaugrüner Steinbrech (VII–IX)

10 Grüne Waldhyazinthe (V–VII)

11 Blassgelbes Knabenkraut (VI–VII)

12 Rundblättriges Wintergrün (VI–VII)

13 Gewöhnl. Katzenpfötchen (VI–VIII)

14 Wiesen-Schafgarbe (VI–X)

15 Hundsrose (VI–VII)

16 Acker-Stiefmütterchen (IV–IX)

17 Großer Augentrost (V–IX)

18 Knöllchen-Knöterich (VI–VIII)

19 Bunte Kronwicke (VI–VIII)

20 Purpur-Klee (VI–VII)

21 Alpen-Süßklee (VI–VIII)

❸ **Schlauch-Enzian** (V–VII)

❹ **Sibirische Schwertlilie** (V–VI)

❺ **Knäuel-Glockenblume** (VI–IX)

❾ **Fliegen-Ragwurz** (V–VI)

❿ **Bienen-Ragwurz** (V–VI)

⓫ **Wiesen-Salbei** (V–VIII)

❶ Kugelorchis (VI–VII)
❷ Stattliches Knabenkraut (V–VI)
❸ Schlauch-Enzian (V–VII)
❹ Sibirische Schwertlilie (V–VI)
❺ Knäuel-Glockenblume (VI–IX)
❻ Mücken-Händelwurz (V–VIII)
❼ Rotes Waldvögelein (VI–VII)
❽ Fleischfarbenes Knabenkraut (V–VII)
❾ Fliegen-Ragwurz (V–VI)
❿ Bienen-Ragwurz (V–VI)

⓫ Wiesen-Salbei (V–VIII)
⓬ Alpenhelm (VI–VIII)
⓭ Kerner-Lungenkraut (V–VI)
⓮ Alpen-Steinquendel (VI–IX)
⓯ Pfingstrose (V–VI)
⓰ Schmalbl. Weidenröschen (VII–VIII)
⓱ Klebriger Lein (VI–VII)
⓲ Arznei-Thymian (VI–IX)
⓳ Großer Wiesenknopf (VI–IX)
⓴ Karthäuser Nelke (VI–IX)
㉑ Gestutztes Läusekraut (VI–VIII)

Eiszeitrelikt im Alpenvorland

Das hübsche Berghähnlein, das auch Narzissenblütiges Windröschen genannt wird, blüht an wenigen privilegierten Stellen auf kalkhaltig-steinigen Bergwiesen. Im Alpenvorland ist nur ein einziger Fundort bekannt: der Mesnerbichl. Das dort massenhafte Vorkommen ist eine botanische Sensation! Doch die weiße Blütenpracht kann nur überleben, wenn sich die Busch- und Baumkultur das Terrain nicht erobert, weshalb der Bund Naturschutz die Steilhänge regelmäßig mit Sense und Balkenmäher bearbeitet. Auf diese Weise bleibt dem Drumlin, ein Relikt aus der letzten Eiszeit, das großartige Landschaftsbiotop für seltene und geschützte Pflanzen der alpinen Flora erhalten.

Vom Parkplatz wandern wir wenige Meter über die Bachbrücke Richtung Erling und folgen rechts der Straße Am Eisweiher (Ww. Machtlfing). Den ersten Abzweig auf der freien Wiese ignorieren wir noch, um nach gut einem Kilometer dann nach rechts in den breiten Kiesweg abzubiegen. Dieser führt uns in sanften Kurven südwärts direkt in das Naturschutzgebiet Mesnerbichl.

Von Frühjahr bis Herbst ist hier die Blütentafel reich gedeckt. Während der Berghähnlein-Blüte ist die weiße Blütenorgie schon von Weitem zu sehen. Der gleiche Hang ist einige Wochen zuvor mit der dann massenhaft rosa blühenden Mehlprimel bedeckt. Die im Gelände angelegten Pfade ermöglichen die direkte Tuchfühlung zu den Blumen, die schöne Farbkombination aus roter Blütenknospe und weißer Vollblüte des Berghähnleins kann man somit aus der Nähe betrachten. Aber es gibt noch eine Menge anderer geschützter Alpin-Pflanzen zu sehen, darunter der Gelbe Enzian, das Gewöhnliche Fettkraut und die Waldhyazinthe. Im Juli entdeckt man in den angrenzenden Feuchtwiesen die seltene Sumpfgladiole (siehe Tour 28)!

Nach der Erkundung des Mesnerbichls folgen wir dem Pfad an der Hangbasis, der um den Hügel herum auf die Westseite wechselt und parallel zum Kobelbach bis zu einem breiten Kiesweg führt. Auf der Wiese blühen zahlreiche Schopfige Kreuzblumen, teils violett, teils rosa. Bevor wir uns rechts aus dem Naturschutzgebiet verabschieden, lohnt noch der kurze Abstecher in die angrenzende Feuchtwiese: Ein Trampelpfad leitet uns in ein Wollgras-Paradies mit etlichen Knabenkräutern, darunter das Fleischfarbene, dessen ungefleckte Tragblätter die Blütentraube überragen. Nicht weniger üppig sprießen Wollgras und Knabenkräuter nahe der

Berghähnlein

Familie Hahnenfußgewächse
Blütezeit Mai bis Juli

Lebensraum Kalkhaltige, feuchte und halbschattige Bergwiesen bzw. Felsschutt und Gebüschränder

Wichtigste Merkmale
- 20–25 cm Höhe
- 3–8 weiße Blüten in Doldenform, Blütenblätter manchmal rötlich überlaufen, typisch auch die rötliche Knospe neben der vorhandenen Blüte
- Fingerförmig eingeschnittener, mehrfach geteilter Blattquirl unterhalb der Blütendolde, Pflanze behaart

Schon gewusst? Die schneeweiße Farbe des einfallenden Lichts wird von luftgefüllten Zwischenräumen reflektiert, die Pflanze enthält also keine weißen Farbstoffe.

Fundstelle unterwegs Nordseitig ausgerichtete Wiese am Mesnerbichl

Während das Echte Mädesüß nur vereinzelt vorkommt, überziehen das Berghähnlein die Mesnerbichl-Wiese und das Wollgras die südlich angrenzenden Feuchtwiesen mit einem faszinierenden Blütenteppich.

Schwierigkeit	▲
Gehzeit	2 Std.
Höhenmeter	70
Recherche	2. Juni

Route Erling → Mesnerbichl → (Oberer Weiher) → Erling

Anfahrt

Auto A 96 Ausfahrt Weßling, St2068 nach Herrsching, St2067 nach Erling (Richtung Andechs), im Ort rechts in den Kerschlacher Weg, bei der Gabelung nicht links der Straße Am Eisweiher folgen, sondern die Kienbachbrücke überqueren und linkerhand parken

Navigation N 47.960696°, E 11.186432°

Charakter Flacher bis leicht hügeliger Wegverlauf mit nur geringfügigen Anstiegen. Unterwegs immer wieder schöner Blick Richtung Berge und Alpenvorland

Wegweiser Radroute Richtung Machtlfing (Hinweg) und Richtung Andechs (Rückweg), Mesnerbichl unmarkiert

Karte Kompass Wanderkarte Nr. 180, Starnberger See Ammersee, 1:50.000

Blumen am Weg Hundsrose, Akeleiblättrige Wiesenraute, Echtes Mädesüß, Fleischfarbenes Knabenkraut, Hornklee, Wiesen-Labkraut, Teufelskralle, Weiß-Klee, Tauben-Skabiose, Gewöhnlicher Frauenmantel, Trollblume, Berghähnlein, Gelber Enzian, Rote Lichtnelke, Karthäuser Nelke, Mücken-Händelwurz, Hufeisenklee, Wundklee, Alpen-Steinquendel, Berg-Klee, Gewöhnliches Fettkraut, Wohlriechende Weißwurz, Akelei, Knöllchenknöterich, Maiglöckchen, Waldhyazinthe, Mehlprimel, Schopfige Kreuzblume, Wiesen-Salbei, Wollgras, Kuckucks-Lichtnelke, Vogel-Nestwurz, Ährige Teufelskralle, Waldwitwenblume, Klatsch-Mohn

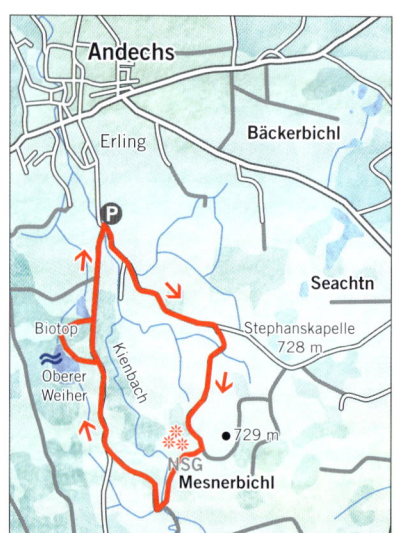

Stichpfade führen mitten durch den Berghähnlein-Hang.

T-Kreuzung, an der wir rechts nach eineinhalb Kilometern wieder zum Parkplatz gelangen. Zwischen Gräsern wiegen sich die knallroten Klatschmohnblüten im Wind, an der Hecke gegenüber blüht duftend die Hundsrose.

Blütentechnisch ohne Relevanz, aber landschaftlich sehr lohnend ist der Umweg über den versteckt gelegenen Oberen Weiher: Hierfür überwinden wir nach gut 600 Metern ab der Weggabelung im Wald einen deutlich erkennbaren Übersteig und folgen den Pfadspuren zum Badesee. Anschließend steigen wir rechts haltend zum Unteren Weiher ab, wo die Wege wieder zusammenführen.

Und wer von den Blüten noch nicht genug hat, kann von Erling an der Straße nach Machtlfing noch den nahen Drumlin Bäckerbichl (1,5 km östlich) und weitere 500 Meter weiter den Weiher „Seachtn" (Sumpf-Schwertlilie!) besuchen.

Prachtvoll und hochsensibel

Es gibt wohl nur wenige Blüten der alpinen Flora, die so unverwechselbar schön und selbst von Laien leicht zu bestimmen sind wie der Gelbe Frauenschuh. Die oft in einem Horst wachsende Vorzeige-Orchidee fällt mit ihren braunen Blütenblättern und der schuhförmig-gelben Blütenlippe bereits von Weitem auf – auch am Forstweg im oberen Trockenbachtal. Wer aber meint, die streng geschützte Pflanze als Trophäe mit nach Hause nehmen zu müssen, begeht nicht nur strafbaren Umweltfrevel, sondern wird daheim auch eine große Enttäuschung erleben. Denn einen Umzug wird der höchst sensible Gelbe Frauenschuh seinem Dieb niemals verzeihen: Selbst in vertrauter Umgebung dauert es mindestens 16 Jahre bis zur ersten Blüte!

Gelber Frauenschuh

Familie	Orchideengewächse
Blütezeit	Mai bis Juni

Lebensraum Lichte Wälder mit grasig-krautigem Unterwuchs, bevorzugt im Halbschatten

Wichtigste Merkmale
- 15–60 cm Höhe
- Pantoffelförmige, kräftig gelbe Blütenlippe mit vier purpurbraunen, abstehenden, oft spiralförmig gedrehten Blütenblättern
- Am Stängel 3–5 breit-elliptische, spitz zulaufende Laubblätter; meist 1–2 Blüten je Stängel; wächst gern in Kolonien

Schon gewusst? Der Frauenschuh braucht mindestens 16 Jahre, um erstmals zu erblühen. Auf zunehmende Beschattung und Beschädigung reagiert er äußerst empfindlich. In privaten Vorgärten ist er zum Sterben verurteilt. Diese stolze Orchidee steht unter strengstem Naturschutz!

Fundstellen unterwegs An der Forststraße Richtung Lahnalm oberhalb des Abzweigs zur Schwarzrieshütte

So eintönig die Wanderung beginnt, so spannend steigert sie sich im Trockenbachtal talein. Vom Wanderparkplatz steigen wir im Geisgraben die Teerstraße rund 80 Höhenmeter ab und biegen dann links in den Forstweg Richtung Schwarzrieshütte (hier keine Parkmöglichkeit!). Auf die erste bunte Blumenwiese mit Knabenkräutern, Roten Lichtnelken, Gewöhn-

lichem Kreuzlabkraut und Ehrenpreis stoßen wir nahe der Asten-Hütte. Etwas oberhalb folgt der beschilderte Abzweig nach links zur Schwarzrieshütte.

Für die Frauenschuh-Besichtigung wandern wir quasi als Abstecher auf dem Forstweg geradeaus weiter. Nach dem Viehgatter führt der Weg direkt am sprudelnden Trockenbach entlang. Nun

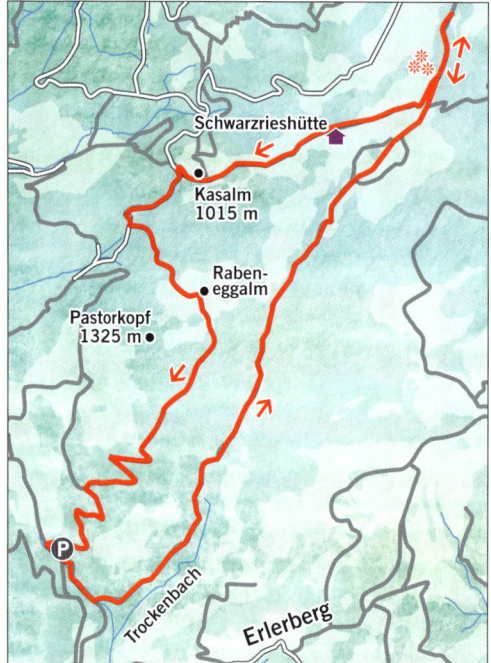

Schwierigkeit	▲ ▲
Gehzeit	3 ½ Std.
Höhenmeter	400
Recherche	3. Juni

Route Kranzhornparkplatz → Schwarzrieshütte → Kasalm → Rabeneggalm → Kranzhornparkplatz

Anfahrt

Auto A 8 Richtung Salzburg und Inntalautobahn A 93 Ausfahrt Brannenburg, St 2359 Nußdorf, Landstraße rechts nach Erl, im Ort links Richtung Erlerberg, an der Straßengabelung links zum Kranzhornparkplatz Erlerberg (enge Teerstraße)

Navigation N 47.695639°, E 12.204716°

Charakter Bis zur Schwarzrieshütte flach ansteigende Forst- und Güterwege, der Rückweg über die Rabeneggalm verläuft auf einfachen Steigen.

Wegweiser Schwarzrieshütte bestens beschildert, an der Kasalm Abzweig Richtung Rabeneck und Pasterkopf, Abstieg ohne Beschilderung (Forstweg)

Einkehr Schwarzrieshütte, Tel. +49-151-20591311

Karte AV-Wanderkarte BY 17, Chiemgauer Alpen West, 1:25.000

Blumen am Weg Berg-Flockenblume, Alpenmaßliebchen, Finger-Zahnwurz, Gewöhnliches Kreuzlabkraut, Rote Lichtnelke, Goldnessel, Trollblume, Wundklee, Vergissmeinnicht, Stattliches Knabenkraut, Zottiger Klappertopf, Finger-Schaumkraut, Teufelskralle, Wollgras, Vogel-Nestwurz, Gelber Frauenschuh, Arznei-Thymian, Herzblättrige Kugelblume, Gold-Pippau, Gewöhnliche Kreuzblume, Hundsrose, Wiesen-Storchschnabel, Orangerotes Habichtskraut, Mücken-Händelwurz, Wiesen-Bocksbart, Alpen-Steinquendel, Hufeisenklee, Frühlings-Enzian, Mehlprimel, Zypressen-Wolfsmilch, Stängelloser Kalk-Enzian, Dunkle Akelei, Gewöhnliche Akelei, Alpenbalsam

Eine echte Rarität: Alpenbalsam in sonniger Lage

gilt es auf dem Abschnitt bis zur folgenden Waldlichtung, stets den Blick nach links in den lichten Hang zu richten: Mit etwas Glück erspähen wir einige blühende Frauenschuh-Kolonien. Anfang Juni 2012 war der Bestand recht üppig, einige Blüten konnten dank eines ausgetretenen Pfades und eines ausgetrockneten Bachbetts aus der Nähe begutachtet werden (keinesfalls querfeldein über den empfindlichen Waldboden stapfen!).

Auch rund um die Schwarzrieshütte ist die Blumenvielfalt groß, wobei die Farbe Orange aus den Blüten des Gold-Pippaus und des Orangeroten Habichtskrauts hübsche Pointen setzt. An der Kasalm halten wir uns links (Ww. Rabeneck, Pasterkopf) und wandern nach wenigen Metern nicht geradeaus am Waldrand entlang, sondern folgen links dem rotmarkierten Steig in den Wald. An der folgenden Weggabelung geht es nach rechts (Ww. Pasterkopf über Rabeneggalm), dann geradeaus über eine kleine Anhöhe und mit Blick auf den Heuberg wieder hinab; die roten Markierungen sind teilweise auf Steinen angebracht. An der T-Kreuzung halten wir uns links und erreichen nach kurzem Gegenanstieg die Rabeneggalm. Hier stoßen wir auf einen breiten Almweg, der unterhalb des Pasterkopfs flach nach Süden quert.

Es folgt der finale Serpentinenabstieg auf breitem Genussweg. An manchen Stellen blühen die Dunkle und Gewöhnliche Akelei von braunviolett über blauviolett bis purpurn, rosa und sogar weiß (!) in allen möglichen Farben um die Wette. Außerdem dürfen wir noch eine botanische Rarität bewundern, die in den nördlichen Kalkalpen eigentlich als ausgestorben gilt: der Alpenbalsam! Seine Staude blüht auf dem sonnigen Steinboden sowohl rosa als auch violett, wobei die Krone einen auffallend dunkleren Mittelstreif aufweist; der Stängel ist behaart.

Die Gewöhnliche Akelei blüht in verschiedenen Farben. Blick von der Kasalm in Richtung Heuberg

Prachtvolle Pfingstrose am Fuß der Spitzsteinwand ...

Blütenwunder an Kalkfelswand

Nur gut drei Kilometer Luftlinie vom Alpenbalsam-Fund entfernt (siehe Tour 17) blüht an der Spitzsteinwand eine weitere Blume, die in unseren Breitengraden nicht beheimatet ist: die Pfingstrose! Warum sich die seltene Südalpen-Bewohnerin ausgerechnet diesen Kaiserblick-Logenplatz unter der senkrechten Felswand ausgesucht hat, weiß niemand, aber wenn sie schon einmal da ist, genießen wir auch deren prachtvolles Aussehen! Dass die Blüte im Gegensatz zu ihren in Gärten gezüchteten Verwandten nicht im Ansatz so füllig ist, verleiht ihrem wilden Charakter grazilen Charme.

Bei unserem ersten Anlauf am 15. Juni fanden wir die Pfingstrose bevölkert von Ameisen und beschützt von einer wenig scheuen Höllenotter nur in Knospenform vor, weshalb wir nach einer fünftägigen Sonnenperiode nochmals zu diesem magischen Ort zurückkehrten. Dank des hochgelegenen Parkplatzes an der Goglalm (1143 m) hält sich der Anstieg in Grenzen. Man folgt dem Fahrweg mit Blick auf eine herrliche Knabenkrautwiese zum Spitzsteinhaus: Entweder wandert man links um die Hütte herum (Ww. Hainbach) oder man bleibt auf dem flach

ansteigenden Almweg, der nach einer Serpentine in die offizielle Route mündet. Die Almwiesen sind voller gelber Hahnenfuß-, Wiesen-Pippau- und Sonnenröschen-Blüten.

Der Weg führt flach nach Osten zur Aueralm (Ww. Hainbach, Innerwald), wo wir den Einstieg in den markierten Steig nicht verpassen dürfen (Ww. Brendelberg, Klausen). Nach einer kurzen Waldpassage taucht vor uns die 160 Meter hohe Kalksteinwand auf, an deren Fuß sich die Alpinflora nach Lust und Laune entfalten kann. Das Berghähnlein (siehe Tour 16) etwa nimmt die Felsnischen in Beschlag wie Brutvögel die Meeresklippen. Weitere Bewohner sind der Finger-Zahnwurz, die Quirlblättrige Zahnwurz, die Quirl- blättrige und Wohlriechiechende Weiß- wurz sowie Alpenrachen und Alpen- Aurikel.

Pfingstrose

Familie	Pfingstrosengewächse
Blütezeit	Mai bis Juni

Lebensraum Kalkreiche und steinige Berghänge, lichter Wald

Wichtigste Merkmale
- 50–100 cm Höhe
- Staudenpflanze mit purpurroten, endständigen Solitär-Blüten; die zahlreichen gelben Staub- blätter sind mittig zu einem fleischigen Ring verwachsen.
- Große, wechselständige, spitz zulaufende und mehrfach dreiteilige Blätter

Schon gewusst? Die Pfingstrose ähnelt zwar von der Blütezeit und -form stark der Rose, ist aber nicht mit ihr verwandt. Jede Blüte, die in der Regel von Fliegen und Käfern bestäubt wird, produziert über drei Millionen Pollenkörner.

Fundstellen unterwegs Geröllfeld ostseitig der steilen Spitzsteinwand

---

Nach einer kurzen Steilstufe – exakt an der Stelle, wo sich der Steig von der Wand abwendet – sind die Pfingstrosen während der Blütezeit nicht zu übersehen. Kurz darauf stoßen wir auf eine Weggabelung: Geradeaus führt unser Rückweg zur Tristmahlnalm hinab (Weg Nr. 8 Richtung Innerwald), links geht es durch Latschen (Zwerg-Alpenrose!) zur Einsattelung zwischen Brandel-berg und Spitzstein empor. Obwohl der Aufstieg durch die Nordflanke zum Spitzstein offiziell gesperrt ist – worauf Warnschilder eindrücklich hinweisen! –, empfehlen wir, dem aufgelassenen Steig noch bis zur Anhöhe an Grenzstein 1844 zu folgen. Zur Belohnung lacht uns hier mit etwas Glück, flankiert von Kugelblumen, eine üppige Alpen-Kuhschellen-Kolonie entgegen, und auch der Ausblick von diesen herrlichen Brotzeitwiesen ist fulminant!

Den schrillen Murmeltierpfiff im Ohr, wandern wir später von der Tristmahlnalm auf bequemem Weg an einer Aussichtsbank vorbei zu Aueralm, Spitzsteinhaus und Goglalm zurück.

... und geschmeidige Höllenotter nur wenige Meter von ihr entfernt

Schwierigkeit	▲ ▲
Gehzeit	2 Std.
Höhenmeter	350
Recherche	15. und 20. Juni

Route Goglalm → Spitzsteinhaus → Aueralm → Spitzsteinwand → Tristmahlnalm → Goglalm

Anfahrt

Auto Inntalautobahn A93 Ausfahrt Brannenburg, St2359 nach Nussdorf, Landstraße nach Erl, im Ort links der Beschilderung zum Erlerberg folgen, gebührenpflichtiger Parkplatz an der Goglalm

Navigation N 47.701184°, E 12.238212°

Charakter Einfache Wanderung auf gut ausgebauten Wegen. Spektakulär ist die Querung unterhalb der steilen Spitzsteinwand (Schild: „Achtung Steinschlaggefahr")! Pfad zum Spitzstein ab Grenzstein unterhalb des Gipfels gesperrt!

Wegweiser Ab Spitzsteinhaus Richtung Hainbach und Brendelberg, im Abstieg erst Richtung Innerwald, dann Spitzstein

Einkehr

- Spitzsteinhaus, Tel. +43-5373-8330, www.spitzsteinhaus.info
- Altkaser-Alm, Tel. +43-676-843264465, www.altkaseralm.at
- Goglalm, +43-5373-8321, www.goglalm.com

Karte AV-Wanderkarte BY 17, Chiemgauer Alpen West, 1:25.000

Blumen am Weg Gold-Pippau, Wiesen-Pippau, Gold-Fingerkraut, Grannen-Klappertopf, Herzblättrige Kugelblume, Geflecktes und Stattliches Knabenkraut, Wiesen-Storchschnabel, Dunkle Akelei, Rote Lichtnelke, Sonnenröschen, Berghähnlein, Zweiblütiges Veilchen, Maiglöckchen, Finger-Zahnwurz, Quirlblättrige Zahnwurz, Quirlblättrige und Wohlriechende Weißwurz, Alpenrachen, Alpen-Aurikel, Pfingstrose, Alpen-Fettkraut, Zwerg-Alpenrose, Nacktstängelige Kugelblume, Trollblume, Alpen-Kuhschelle, Lungenkraut, Zypressen-Wolfsmilch, Arznei-Thymian, Stängelloser Kalk-Enzian, Silberwurz, Katzenpfötchen, Teufelskralle

Stattliche Knabenkräuter beim Südanstieg zum Spitzstein

Pflanzenjuwelen
im Schuttkegel

Am Friedergries treffen mit Friederlaine und Schwarzenbach zwei Flüsse
aufeinander, doch durch den partiell
unterirdischen Verlauf ist das Wasser
im weitläufigen Schuttkegel nicht
überall auszumachen. Der Schutt ist
ständig in Bewegung und schafft somit
die Lebensgrundlage der Spirke, eine
aufrechte Bergkiefer, die normalerweise
nur in den Südwestalpen wächst. Auch
der Lorbeer findet hier eines seiner letzten
Rückzugsgebiete. Und zahlreiche seltene
Alpin-Blumen fühlen sich ebenso äußerst
wohl in diesem Naturwaldreservat.

Schlauch-Enzian

Familie   Enziangewächse
Blütezeit   Mai bis Juli

Lebensraum Kalkhaltige Steinrasen, Quell- und
Flachmoore

Wichtigste Merkmale
- 10–20 cm Höhe
- Kräftig blaue, bis zu 2 cm breite und 5 Kronblätter
  umfassende Blüte; der aufgeblasene Kelch ist an
  den Kanten geflügelt.
- Teils einzeln wachsend, teils Stängelverzweigungen
  an der Basis

Schon gewusst? Normalerweise benötigt die streng
geschützte Pflanze einen dauerhaft feuchten Standort, sie kann offenbar jedoch auch auf nur teilweise
berieseltem Steinboden in Nähe eines Gebirgsbachs
überleben.

Fundstellen unterwegs Im hinteren Friedergries,
verstärkt auf der Wiese zwischen Bachüberquerung
und Wildgehege

Im Friedergries kann
jeder seinen individuellen
Weg gehen.

Vom Parkplatz führt rechts ein beschilderter Wanderweg (Plansee, Friedergries) an der Niedernach entlang nach Norden. Direkt am Wegesrand blühen das Gewöhnliche Fettkraut und der im Gegensatz zu Wald- und Wiesen-Storchschnabel seltene Blutrote Storchschnabel. Nach etwa 500 Metern erreichen wir eine Bachbrücke, wo wir rechts in den Waldweg abbiegen (Ww. Frieder). An der sumpfigen Wollgras-Wiese folgen wir nicht dem rechts abdriftenden Hauptweg, sondern dem unscheinbaren Pfad geradeaus. Nach einer kurzen Steigung münden wir in sumpfiges Terrain, das wir rechts umgehen. Unser Zielgebiet, das Friedergries, liegt nur wenige hundert Meter nördlich, es gilt nun, sich einen passenden Durchschlupf durch das unwegsame und feuchte Gehölz zu suchen.

Im Friedergries wird die Orientierung deutlich einfacher. Zwar gibt es nach wie vor keinen Weg, aber man folgt einfach stets leicht ansteigend dem Fluss des breiten Schuttkegels – zuletzt exakt auf den Frieder zu. Zwischen apokalyptisch anmutenden Tothölzern (Fichte!) stoßen wir mit der seltenen Spirke und dem vom Aussterben bedrohten Wacholderbaum auf wahre Überlebenskünstler. Zur Erkundung der näheren Umgebung weicht man von der vorgegebenen direkten Route immer wieder wenige Meter in die Zonen mit dichterem Pflanzenbewuchs aus. Dabei stoßen wir auf erste Exemplare des Schlauch-Enzians. Auch die seltene Fliegen-Ragwurz (siehe Tour 24) und das hübsche Rote Waldvögelein sind hier neben den „Felsspezialisten" Blaugrüner Steinbrech und Kriechendes Gipskraut anzutreffen.

Anfangs nur durch ein entferntes Plätschern zu vernehmen, taucht die Friederlaine aus dem Geröll auf. Je nach Kraft und Wasserstand wird sie flussabwärts früher oder später von der Schuttwüste verschluckt, um später wieder aufzutauchen. Sie fließt direkt aus jener Schlucht heraus, an der weithin sichtbar der Anstieg zum Frieder beginnt. Vor der Talverengung quert ein offizieller Wanderweg das Kiesbett (oft Steinkreise). Wir überqueren den Bach an geeigneter Stelle und folgen dem deutlich sichtbaren Weg über freies Gelände. Direkt am Wegesrand blüht der äußerst seltene

Grüne Waldhyazinthe und Katzenpfötchen

Am Wendepunkt der Tour
strömt die Friederlaine
aus einer eindrucksvollen
Schlucht in das offene Gries.

Schwierigkeit	▲
Gehzeit	2 Std.
Höhenmeter	130
Recherche	18. Juni

Route Griesen → Friedergries und zurück

Anfahrt

ÖVM Deutsche Bahn nach Garmisch-Partenkirchen, Regionalzug nach Griesen

Auto A 95 und B 23 über Partenkirchen nach Griesen, kleiner Parkplatz rechts an der Bachbrücke oder im Ort

Navigation N 47.478044°, E 10.940301°

Charakter Einfache, teils aber weglose Wanderung in einer weitläufigen Schwemmlandschaft; Orientierungssinn von Vorteil.

Wegweiser Nur anfangs Richtung Friedergries/Frieder

Karte AV-Wanderkarte BY 8, Wettersteingebirge, 1:25.000

Blumen am Weg Gewöhnliches Fettkraut, Blutroter Storchschnabel, Großes Zweiblatt, Teufelskralle, Hornklee, Wollgras, Mücken-Händelwurz, Fliegen-Ragwurz, Ungleichblättriges Labkraut, Simsenlilie, Silberwurz, Rispen-Steinbrech, Natternkopf, Blaugrüner Steinbrech, Kriechendes Gipskraut, Hauhechel, Sonnenröschen, Arznei-Thymian, Schlauch-Enzian, Zwerg-Glockenblume, Brillenschötchen, Rotes Waldvögelein, Waldhyazinthe, Katzenpfötchen, Braunelle, Sommerwurz, Wiesenwachtelweizen, Berg-Klee, Gelbe Spargelerbse

Schlauch-Enzian teils mehrstöckig um die Wette. Charakteristisch ist der auffallend erweiterte Kelch und die Blütenvielfalt; die Blüte selbst wäre mit dem Frühlings-Enzian verwechselbar. Auch zahlreiche Waldhyazinthen und Katzenpfötchen blühen am Wegesrand..

Das Wildgehege wird links auf einem schönen Pfad umgangen. Nach einer Waldpassage erreichen wir einen breiten Kiesweg, dem wir nach links folgen. Dabei entdecken wir eine echte Rarität: die Gelbe Spargelerbse, deren Blütenkopf, flankiert von einem dreizähligen Kronblatt, schräg aufwärts gerichtet vom Stängel wegnickt. An der folgenden T-Kreuzung geht es ebenfalls links zum Ausgangspunkt zurück.

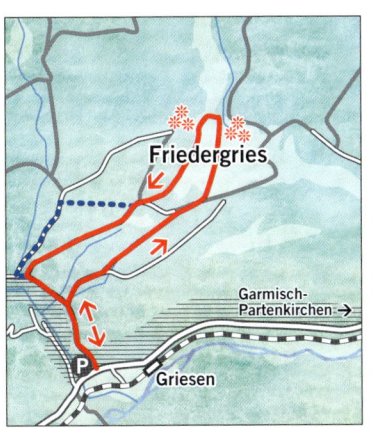

Irisviolett, blassgelb und fleischfarben

Heimische Wiesenbrüter wie Braunkehlchen, Kibitz und Wachtelkönig fühlen sich im Fauna-Flora-Habitat-Gebiet des Loisach-Kochelsee-Moors ebenso wohl wie zahlreiche seltene Orchideen, darunter Mücken-Händelwurz, Sumpf-Stendelwurz, verschiedene Knabenkräuter sowie Grüne und Weiße Waldhyazinthe. Blütenkönigin ist jedoch die anmutige Sibirische Schwertlilie, die wir am Loisachufer aus nächster Nähe inspizieren können. Das Violett und Dunkelblau-geaderte der Vorzeige-Iris stellt sogar den außergewöhnlichen Blassgelb-purpurrot-fleischfarben-Farbmix der Knabenkräuter in den Schatten!

Die Sibirische Schwertlilie blüht auch direkt an der Loisach.

Der Rundweg durch das Loisach-Kochelsee-Moor nördlich von Kochel am See ist nicht zu verfehlen. Vom Bahnhof geht es wenige Meter in Richtung Ortsmitte, dann zweimal rechts um die Gleise herum und rund 400 Meter auf der Straße Unteranger zum Wegbeginn in das Naturschutzgebiet (Abzweig nach links, Ww. Loisach Rundweg).

Es folgt ein schöner Abschnitt am Stümpfelbach entlang, der meist durch die dichte Strauchvegetation verborgen bleibt, an offenen Stellen aber zu einem Kneipp-Fußbad einlädt. Auf der Gegenseite geben Vegetationslücken erstmals den Blick in das weitläufige Moosgelände frei: Die hellen Blütentrauben des Blassgelben Knabenkrauts sind schon von Weitem zu sehen! Aus der Nähe erkennt man, dass sich die Kronblätter zu einem Helm vereinen. Auch

die Sibirische Schwertlilie lässt nicht lange auf sich warten: Erst taucht sie sporadisch, später in stattlicher Anzahl auf! Feine Zittergräser, erkennbar an den herzförmigen Adern am dünnen Stiel, wiegen sich im Wind – ein Beleg für die intakte Bodenqualität!

Wir stoßen auf die Loisach und folgen dem Uferweg bis zu einer möglichen Badestelle in der Loisach (Schild „Fischschonbezirk"). Der Weg wendet sich vom Fluss ab und passiert eine herrliche Blumenwiese mit zahlreichen Heil-Ziesten (ährigartige rote Blütenstände). Erwähnenswert auch das teils dichte Vorkommen des Sumpf-Stendelwurzes, dessen schneeweiße Blütenlippe unter zwei grünen Hüllblättern hervorlugt. Außerdem erblicken wir die im Gegensatz zur Weißen wesentlich seltenere Grüne Waldhyazinthe, unterscheidbar durch die

Das Strohgelbe Knabenkraut ist durch seine helle Blütenkerze schon von Weitem zu erkennen.

Sibirische Schwertlilie

Familie Schwertliliengewächse
Blütezeit Mai bis Juni

Lebensraum Feucht- und Streuwiesen, Niedermoore

Wichtigste Merkmale

- 40–100 cm
- Blüten mit drei violett geäderten, herabgeklappten Blütenblättern, obere drei Blätter mit dunklerer Färbung und aufrechtem Stand, insgesamt 1–3 Blüten pro Stängel
- Schmale, grasähnliche Blätter, dünner Wurzelstock

Schon gewusst? Die Blütenblätter der Iris weisen eine feine Maserung auf (Saftmal), was den Hummeln als Wegweiser zum Nektar dient; während der Suche kommt es zur Bestäubung.

Fundstellen unterwegs Zerstreut am Stümpfelbach und am Loisachufer

nicht parallel zueinander, sondern voneinander abdriftenden Staubbeutel!

Am Gehöft Brunnenbach ist der nördlichste Punkt der Wanderung erreicht. Wir folgen der Teerstraße nach Ort (Ww. Loisach-Rundweg; Kochel am See) und wandern auf dem Radweg am Bahngleis entlang mit schönem Bergblick nach Kochel zurück. Das attraktive Moos erblicken wir jetzt nur noch aus der Ferne.

Schwierigkeit	▲
Gehzeit	2 ½ Std.
Recherche	18. Juni

Route Kochel ➜ Brunnenbach ➜ Ort ➜ Kochel

Anfahrt

ÖVM Regionalbahn (RB) ab München bzw. Tutzing bis Kochel am See

Auto A 95 Ausfahrt Murnau-Kochel, St2062 nach Kochel, im Ortszentrum geradeaus zum Parkplatz am Bahnhof

Navigation N 47.660488°, E 11.370764°

Charakter 8 km lange Rundtour ohne Steigungen auf Teer- und Kieswegen durch eine schöne Mooslandschaft

Wegweiser „Loisach-Rundweg" gut beschildert

Karte Kompass Wanderkarte Nr. 7, Murnau Kochel, 1:50.000

Blumen am Weg Drüsiger Gilbweiderich, Gewöhnliche Vogel-Wicke, Geißbart, Hundsrose, Gänse-Fingerkraut, Sibirische Schwertlilie, Strohgelbes, Fleischfarbenes und Stattliches Knabenkraut, Wiesenknopf, Gewöhnlicher Steinklee, Akeleiblättrige Wiesenraute, Echtes und Harzer Labkraut, Hauhechel, Mücken-Händelwurz, Wollgras, Grüne und Weiße Waldhyazinthe, Hornklee, Großes Zweiblatt, Sumpf-Stendelwurz, Arznei-Baldrian, Gewöhnl. Blutweiderich, Heil-Ziest

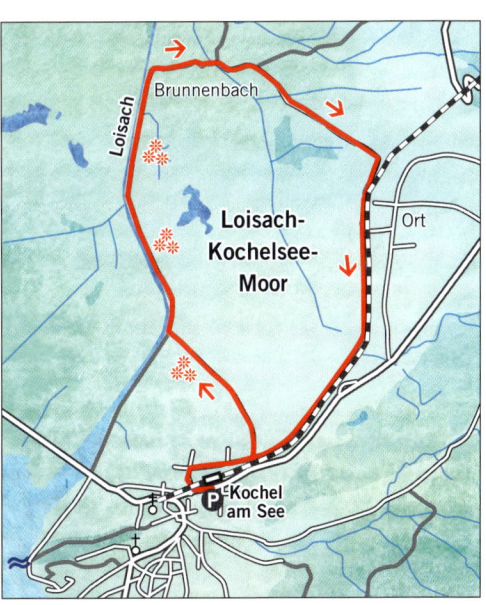

Prachtvolle Entdeckungen

Das Umland von Andechs ist ein Feuerlilien-Paradies. Die feuerrote Vorzeige-Lilie blüht nicht nur an den aus der Eiszeit stammenden Drumlins Bäcker- und Mesnerbichl (siehe Tour 16), sondern auch auf versteckten Streuwiesen weiter nördlich. Und zwar gleich an mehreren Standorten! Diese Leserinformation war uns einen spontanen Abstecher in die botanisch äußerst privilegierte Gegend wert. Wer von der sogenannten Straa-Wies'n das nördlich angrenzende Gehölz erkundet, wird mit herrlich verschlungenen Waldpfaden und weiteren Blüten-Raritäten belohnt.

Vom großen Wanderparkplatz an Kloster Andechs folgen wir in nordöstlicher Richtung dem Radweg nach Frieding. Zwischen Kornblumen und Ackerwinden blüht auch das hübsche Acker-Stiefmütterchen. Nach rund einem Kilometer erreichen wir bereits die Streuwiese. Am Fuß des kleinen Hügels stoßen wir auf den rosa blühenden Klebrigen Lein. Die seltene Pflanze bildet sogenannte Horste, in denen sie blütenstark in Erscheinung tritt. Die Augustmahd verhindert den Auswuchs größerer Konkurrenz-Pflanzen und sichert somit den Fortbestand der eigenen Art.

Auf der kleinen Anhöhe quert ein deutlich erkennbarer Pfad den Radweg: Links geht es in Richtung Wald für den späteren Fortgang der Wanderung, rechts in wenigen Schritten in unser Feuerlilien-Paradies. Letzteres wartet in den folgenden Minuten auf Erkundung: Die feuerroten Blüten wiegen sich überraschend zahlreich zwischen den hohen Gräsern im Wind. Der gelbgrüne Warzenbeißer wartet in der Blütenkrone auf Insekten, die er verspeisen kann, und der Fotograf kann dieses Schauspiel mit leichtem Zoomen direkt vom Pfad aus verewigen! Es lohnt sich, dem nach Osten „abknickenden" Pfad noch bis zum Waldrand zu folgen. Ob man in der bunten Blumenwiese die überaus seltene Bienen-Ragwurz entdeckt, hängt auch vom Klima der vorangegangenen Monate ab: Die mangels Bienen

zur Selbstbestäubung neigende, bildschöne Orchidee benötigt relativ viel Feuchtigkeit. Etwas später im Jahr blüht hier übrigens eine weitere Rarität: die Sumpf-Gladiole (siehe Tour 28).

Wieder zurück an der Wegkreuzung, folgen wir dem Wiesenpfad mit Blick auf Kloster Andechs und die Alpen zu der markanten Baumgruppe. Von hier führt ein deutlich erkennbarer Steig nordwärts durch den Wald zu einer Lichtung mit einer weiteren Feuerlilie. Aber auch der gelb blühende Raue Alant und der gefährdete Purpur-Klee – erkennbar am fuchsschwanzähnlichen Blüten-

---

Feuerlilie

Familie	Liliengewächse
Blütezeit	Juni bis Juli

Lebensraum Sonnige Bergwiesen und Gebüsche

Wichtigste Merkmale
- 20–80 cm Höhe
- Auffallend große, leuchtend orangerote, glockig bis trichterförmige Blüten; bis 5 Blüten mit je 6 Blättern und rotem Staubbeutel in aufrechter Dolde
- Stängel dicht mit lanzettlich-gegenständigen Blättern bestückt

Schon gewusst? Im Gegensatz zu anderen Lilien-Arten duftet die Feuerlilie nicht. Dafür bildet sie primitive Nektarien an den Blättern, um Ameisen zu ködern, die der Pflanze wiederum lästige Fressfeinde wie das Lilienhähnchen fernhalten sollen.

Fundstellen unterwegs An drei Streuwiesen nordöstlich von Andechs

Zwei absolute Raritäten auf der sogenannten Straa-Wies'n: Die unverkennbare Feuerlilie und die Bienen-Ragwurz, die jedoch nicht jedes Jahr blüht.

Schwierigkeit	▲
Gehzeit	1 ½ Std.
Höhenmeter	120
Recherche	19. Juni

Route Andechs → Streuwiesen Richtung Frieding und zurück

Anfahrt

Auto A96 Ausfahrt Weßling, St2068 nach Herrsching, St2067 nach Erling, links Abzweig nach Andechs, gebührenfreier Großparkplatz unterhalb von Kloster Andechs

Navigation N 47.974151°, E 11.187129°

Charakter Geruhsamer Spaziergang, der bei Bedarf Richtung Norden ausgedehnt werden kann. Bis zur „Straa-Wies'n" breiter Güterweg, dann folgen versteckte Wald-und Wiesenwege.

Wegweiser Radweg von Andechs Richtung Frieding, im Wald unmarkiert

Karte Kompass Wanderkarte Nr. 180, Starnberger See Ammersee, 1:50.000

Blumen am Weg Acker-Stiefmütterchen, Echter Beinwell, Klatschmohn, Kornblume, Ackerwinde, Klebriger Lein, Bunte Kronwicke, Mücken-Händelwurz, Weidenblättriger Alant, Feuerlilie, Wiesen-Salbei, Tauben-Skabiose, Knäuel-Glockenblume, Sommerwurz, Grannen-Klappertopf, Ästige Graslilie, Schafgarbe, Hundsrose, Akelei, Vogel-Nestwurz, Waldhyazinthe, Scheuchzers Glockenblume, Wiesen-Labkraut, Wiesen-Witwenblume, Rauer Alant, Rotbraune Stendelwurz, Berg-Flockenblume, Rotes Waldvögelein, Türkenbund-Lilie, Purpur-Klee, Straußblütige Wucherblume, Weiße Schwalbenwurz, Acker-Hundskamille

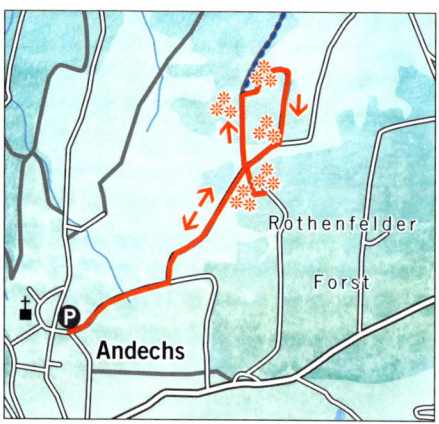

stand; die Kelchzähne überragen die purpurroten Knospen! – wachsen hier.

Eine uralte, mehrfach verzweigte Buche mit Sitzbank passierend erreichen wir eine auffällige Kiefern-Baumgruppe. Die verlockende Trasse geradeaus führt in blütenärmere – obwohl hier die Türkenbund-Lilie und das Rote Waldvögelein zu entdecken wären! –, wenngleich herrliche Wandergefilde. Aus diesem Grund bevorzugen wir den rechts abzweigenden, kaum erkennbaren Wiesenpfad durch eine verwachsene Schneise. An der T-Kreuzung halten wir uns links und gelangen mit zweimaligem Richtungswechsel (keine Weggabelungen) im Bogen zu unserer dritten Feuerlilien-Wiese des Tages direkt am Frieding-Radweg! Abermals rechts haltend kommen wir über unsere „Straa-Wies'n" nach Andechs zurück.

Klebriger Lein

Familie	Leingewächse
Blütezeit	Juni bis Juli

Lebensraum Halbtrockenrasen mit kalkhaltigem Untergrund

Wichtigste Merkmale
- 30–60 cm Höhe
- Die rund 2 cm langen 5 rosaroten Kronblätter sind von dunklen Adern durchzogen.
- Stängel zottig behaart, mittlere Stängelblätter am Rand drüsig bewimpert (Klebeeffekt)

Schon gewusst? Nördlich der Alpen gedeiht die Pflanze vorwiegend im Lechtal und östlich des Ammerseebeckens. Der nicht weit entfernte Lech gilt als Samentransporteur.

Fundstellen unterwegs Streuwiesen nordöstlich von Andechs

Silberwurz-Blüte mit Suwaldspitze, Beblättertes Läusekraut mit Schneefeld querendem Wanderer

Verschwenderische Blütenfülle

Der Hönig ist der schönste Blumenberg weit und breit: Über 1200 verschiedene Arten sollen hier zu bewundern sein! Während man sich anderswo über die Entdeckung vereinzelter Berghähnlein oder Alpen-Kuhschellen freut, sprießen sie über dem Älpele-Talkessel zu Abertausenden aus der Erde! Häufig anzutreffen sind auch zwei schöne Sommerwurzgewächse, erkennbar an den ausladend-fiederschnittigen Blättern und der dichten Blütentraube: Das gelbe Beblätterte und das blutrote Gestutzte Läusekraut! Auch die edle Strauß-Glockenblume präsentiert sich an verschiedenen Standorten in prachtvoller Blüte. Hinzu kommen Blüten-Raritäten wie Hallers Teufelskralle, Kerner Lungenkraut, Alpenhelm, Gelbe Platterbse und zwei Mannsschild-Arten an der Suwaldspitze – um nur einige zu nennen!

Weiße Alpen-Kuhschelle

Familie	Hahnenfußgewächse
Blütezeit	Mai bis Juli

Lebensraum Alpine, steinige Bergrasen meist im Schutz von Zwergsträuchern oder lichtem Wald

Wichtigste Merkmale
- 20–45 cm Höhe
- Aufrechte, weiße Blüte mit mehreren, maximal 9 sich überlappenden Blättern
- Grundblätter zu Beginn der Blütezeit noch wenig entwickelt, später langgestielt und doppelt dreiteilig; im oberen Bereich 3 hochblattartige Stängelblätter

Schon gewusst? Die schöne Blume hat im Volksmund viele Namen, z.B. Alpen-Küchenschelle, Petersbart, Teufelsbart, Haariges Männle, Grantiger Jager, Strublbuabn, Bocksbart, Hexenbesen, Alpenanemone, Strublbuabn, Wilder Jager und Gemsbart.

Fundstellen unterwegs Verbreitet im Aufstieg zwischen Älpele und Hönig

Nach schneereichen Wintern gibt es jedoch ein mögliches Handicap im Älpeletal: breite Lawinenkegel, die unsere Aufstiegstrasse in klassischen Hangrutschzonen bis in den Juni hinein mit erdverschmiertem Altschnee bedecken. Erfahrene Wanderer werden sich von einer etwaigen Wegsperre nicht abhalten lassen (Vorsicht bei Überqueren von Schneebrücken über Bäche!). Alternativ wandert man auf unserer Abstiegsroute auf den Hönig, wobei man dann einiges verpassen würde …

Die Blütenpracht beginnt bereits in Parkplatznähe mit üppigen Wiesen-Bocksbart-Beständen. Talein halten wir uns an der Weggabelung rechts (Ww. Älpele-Hönig) und wandern in den Talkessel des Älpeletals, wo der breite Weg in einen idyllischen, von üppiger Botanik umgebenen Pfad übergeht. Die Blätter der Knabenkräuter sind zum Teil tiefschwarz

gefleckt. Schwarz ist auch die Blütenähre der Hallers Teufelskralle, die von waagrecht abstehenden Blättern am Stängelende gestützt wird. Ausladende Eisenhut-Stauden lassen für Juli eine tiefblaue Blütenpracht erwarten. Im Juni dominieren die violetten Wiesen-Storchschnäbel und die zartgelben Beblätterten Läusekräuter. Eine kleine Sensation ist die Entdeckung des Kerner Lungenkrauts, ein Endemit der nordöstlichen Kalkalpen, mit stängelumfassenden Blättern und rotvioletten Blüten. In Schneerinnen mischen sich Frühblüher wie Pestwurz, Alpen-Glockenblume und Schlüsselblume in die sommerliche Blütenpracht. Noch vor Erreichen der Älpele-Aussichtsbank stoßen wir auf erste größere Alpen-Kuhschellen-Kolonien.

Von der folgenden Weggabelung geht es über mäßig steile Bergwiesen zur Einsattelung zwischen Hönig und Suwaldspitze empor. Unterwegs erfreuen wir uns am violett blühenden Alpenhelm, Gestutzten Läusekraut, an herrlichen Trollblumen-Wiesen, an der Kugelorchis, am Kohlröschen und am weißen Blütenmeer der Alpen-Kuhschelle, deren Anblick die Anstrengungen des Aufstiegs vergessen macht. Prachtblüten vor dem Bergmassiv des Roten Steins, welch ein Fotomotiv!

Der Abstecher zur Vorderen Suwaldspitze dauert etwa eine Stunde. Hierfür folgt man dem Steig um den Berg herum und überwindet die letzten 50 Höhenmeter zum aussichtsreichen Gipfel steil auf Pfadspuren direkt von Süden. Für diese Zugabe werden wir mit zwei Mannsschild-Arten – der Zwerg-Mannsschild ist zottig behaart, der Stumpfblättrige dicht und kurz; Blüten jeweils weiß mit gelbem Schlund! –, der hübschen Zwerg-Alpenrose, dem Alpen-Steinröschen (siehe Tour 15), dem Punktierten Enzian und dem Geschnäbelten Läusekraut belohnt.

Der halbstündige Anstieg vom Sattel zum benachbarten Hönig entlang der üppig grünen Gratkante ist bereits von Weitem einzusehen! Die vielen weißen Punkte sind keine Sinnestäuschung: Das Berghähnlein (siehe Tour 16) breitet sich in einer nie gesehenen Anzahl aus, als wolle es sich für einen Eintrag in das Guinness-Buch der Rekorde bewerben! Dazwischen größere Allermannsharnisch-Bestände, weitere Alpen-Kuhschellen (fast keine Erwähnung mehr wert), das Einköpfige Ferkelkraut und –

Strauß-Glockenblume

Familie Glockenblumengewächse
Blütezeit Juni bis August

Lebensraum Felsbänder, steinige Rasen, Wegränder in sonniger Lage

Wichtigste Merkmale
- 10–50 cm Höhe
- 1–3 blassgelbe Blütenähren in oberer Blattachsel mit bis zu 200 glockenartigen Blüten
- Stängel kantig, rauhaarig und unten dicht beblättert

Schon gewusst? Jede Fruchtkapsel enthält 120 bis 180 Samen. Hat die Pflanze 100 Blüten, verteilt der Wind also bis zu 18.000 Samen. Dennoch ist die Pflanze ein botanisches Juwel. Das Heranwachsen der Blattrosette bis zur Blütenreife kann bis zu 10 Jahre dauern.

Fundstellen unterwegs Am Gipfelgrat des Hönigs, im Abstieg zur Kögele-Hütte

Wiesenpfad-Grat-Anstieg zum Hönig mit Rotem Stein im Hintergrund; Allermannsharnisch und Beblättertes Läusekraut blühen zuhauf am Wegesrand.

über die Hangkante nach Norden lugend – erste fantastische Strauß-Glockenblumen!

Der Abstieg verläuft erst auf dem nordseitigen Gratrücken, dann links haltend in zahlreichen Serpentinen auf der Südseite des Berges. Neben Orchideen und Braunklee ist hier vor allem die Gelbe Platterbse verbreitet, ein sehr seltenes Schmetterlingsgewächs, dessen untere gelbe Blüten sich nach dem Verblühen braun verfärben. Bei der Hangquerung entdecken wir weitere Strauß-Glockenblumen, die Alpen-Aster und die Arnika. Hinter der Feuchtwiese mit zahlreichen Knabenkräutern erreichen wir die bewirtschaftete Kögele-Hütte. Der finale Abstieg nach Berwang verläuft auf einem breiten Almweg. Hinter der Dorfkirche steigen wir rechts auf beschildertem Steig zum Parkplatz ab (Ww. Älpele/Hönig).

Schwierigkeit	▲▲
Gehzeit	5 Std.
Höhenmeter	1050
Recherche	24. Juni

Route Berwang → Älpele → Suwaldspitze → Hönig → Kögele-Hütte → Berwang

Anfahrt

Auto A 95 und B 23 über Garmisch nach Ehrwald, L 179 über Lermoos nach Bichlbach, L 21 nach Berwang, im Ort am Rechtsknick der Hauptstraße links in das kleine Teersträßchen bis zum gebührenfreien Parkplatz am Höniglift (Ww. Hönig)

Navigation N 47.405916°, E 10.749929°

Charakter Großartige Blüten-Rundtour auf extravaganten Pfaden! Mitunter Lawinenreste im Älpeletal! Der Abstecher zur Suwaldspitze (1 Std.) erfordert etwas Trittsicherheit und Orientierungssinn. Bei Nässe nicht zu empfehlen (steile Grashänge)!

Wegweiser Aufstieg zum Hönig im Gegensatz zur Suwaldspitze gut markiert und beschildert

Einkehr Kögele-Hütte, Tel. +43-664-2838055, www.koegele-huette.at

Karte Kompass-Wanderkarte Nr. 24, Lechtaler Alpen Hornbachkette, 1:50.000

Blumen am Weg
Hönig: Wiesen-Bocksbart, Wiesen-Storchschnabel, Rote Lichtnelke, Hornklee, Kugelige Teufelskralle, Sommerwurz, Arznei-Thymian, Trollblume, Geflecktes Knabenkraut, Bachnelkenwurz, Berghähnlein, Hallers Teufelskralle, Natternkopf, Kerner Lungenkraut, Beblättertes Läusekraut, Wundklee, Taubenkropf-Leimkraut, Alpen-Labkraut, Alpen-Kuhschelle, Alpen-Steinquendel, Türkenbund-Lilie, Wundklee, Kreuzblume, Alpenmaßliebchen, Akeleiblättrige Wiesenraute, Silberwurz, Weißwurz, Eisenhutblättriger Hahnenfuß, Gestutztes Läusekraut, Alpenhelm, Alpenrachen, Alpen-Hahnenfuß, Frühlings-Enzian, Stängelloser Kalk-Enzian, Nacktstängelige Kugelblume, Hain-Sternmiere, Rostblättrige Alpenrose, Mücken-Händelwurz, Gold- und Berg-Pippau, Kohlröschen, Kugelorchis, Alpen-Süßklee, Allermannsharnisch, Strauß-Glockenblume, Einköpfiges Ferkelkraut, Alpen-Vergissmeinnicht, Gelbe Platterbse, Braunklee, Wolfs-Eisenhut, Alpen-Aster, Arnika, Waldhyazinthe, Wollgras, Rundblättriges Wintergrün
Suwaldspitze: Alpen-Fettkraut, Zwerg-Alpenrose, Steinröschen, Punktierter Enzian, Alpen-Aurikel, Zwerg-Mannsschild, Stumpfblättriger Mannsschild, Geschnäbeltes Läusekraut

Die Gelbe Platterbse findet an den grasigen Südwesthängen des Hönigs den idealen Lebensraum.

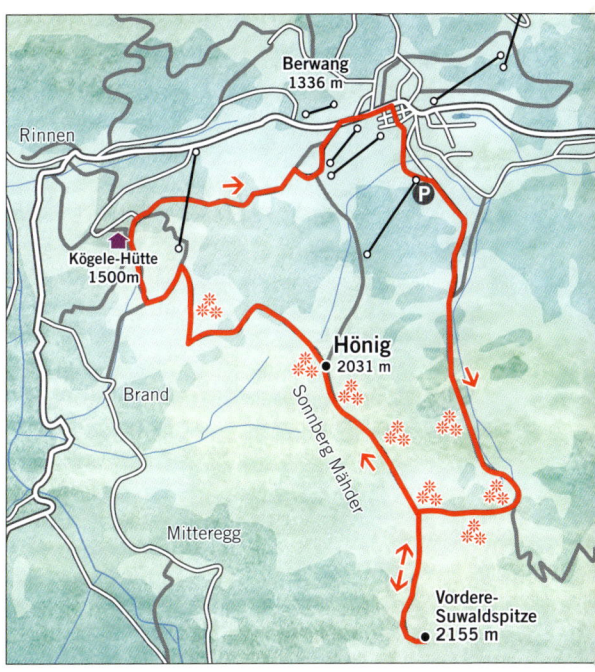

Kufstein | Vorderkaiserfeldenhütte (1388 m) und Petersköpfl (1745 m)

Alpengarten vor Kaiserkulisse

Das Kaisertal trennt den Wilden Kaiser im Süden vom Zahmen Kaiser im Norden und steht bereits seit 1963 unter Naturschutz. Auf diese Weise kann sich die alpine Flora mit einigen seltenen Pflanzen erhalten. An der Vorderkaiserfeldenhütte hat der Deutsche Alpenverein bereits 1930 einen frei zugänglichen Alpengarten eingerichtet, in dem pro Saison – zumindest solange ihn eine ehrenamtliche Betreuung pflegt! – bis zu 900 verschiedene Arten blühen. Eine gute Gelegenheit, die im Aufstieg entdeckten Blüten „abzugleichen"! Auch unsere heutige „Blüte des Tages", der Dunkle Mauerpfeffer, könnte dort neben seinem „weißen Bruder" in voller Blüte stehen!

V om Parkplatz führt ein steiler Treppenweg in Kehren an der Kaiserklamm empor. Etwas oberhalb der ersten Steilstufe zweigt der beschilderte Waldweg zur Ritzau-Alm ab, die nach etwa einer Stunde an der ersten größeren Lichtung auftaucht. Bis dahin haben wir auf einem bemoosten Felsen am Wegesrand bereits die ersten roten Exemplare des Dunklen Mauerpfeffers entdeckt. Und mit dem Roten Waldvögelein, dem Großen Zweiblatt, der Waldhyazinthe sowie der Wohlriechenden Händelwurz bereits vier Orchideen. Und etwas oberhalb der Alm folgen mit der Kugelorchis, dem Mücken-Händelwurz, dem Gefleckten Knabenkraut und dem Brand-Knabenkraut vier weitere! Welche Blumen sonst noch in freier Wildbahn wachsen, darüber kann man sich dann im Alpengarten an der Vorderkaiserfeldenhütte einen umfassenden Überblick verschaffen.

Bei dem hervorragenden Panorama und der guten „So-schmecken-die-Berge"-Speisekarte fällt es schwer, sich von der Terrasse loszueisen. Doch der Aufstieg zumindest bis zum Petersköpfl ist sehr lohnend. Der Steig windet sich in vielen Kehren durch den lichten Wald empor. Am Abzweig zur Naunspitze blühen Berghähnlein. Eine kurze Steilstufe noch, und wir erreichen den

Dunkler Mauerpfeffer

Familie	Dickblattgewächse
Blütezeit	Juni bis August

Lebensraum Kalkhaltige Steinrasen, Schutt und Fels

Wichtigste Merkmale
- 3–8 cm Höhe
- Meist rot überlaufene Blüten oder mit rotem Strich auf den fünf gelblichen Kronblättern
- Stängel wie Blüten meist rot; dickfleischige, keulenförmige Blätter

Schon gewusst? Die Pflanze zählt zu den wenigen einjährigen Hochgebirgspflanzen; die Samen keimen schon im Herbst und überwintern dann unter der Schneedecke.

Fundstellen unterwegs Felsnischen im Wald unterhalb der Ritzau-Alm und beim Abstieg vom Petersköpfl zur Hinterkaiserfeldenalm

Rückblick auf die Naunspitze beim Anstieg zum Petersköpfl. Im Alpengarten blüht das Alpen-Helmkraut, auf dem Weg dorthin das Brand-Knabenkraut.

Kufstein | Vorderkaiserfeldenhütte (1388 m) und Petersköpfl (1745 m)

Schwierigkeit	▲ ▲
Gehzeit	5 ¼ Std.
	(Vorderkaiserfelden: 3 ½ Std.)
Höhenmeter	1280 (Vorderkaiserfelden: 800)
Recherche	26. Juni

Route Kufstein → Ritzau-Alm → Vorderkaiserfelden-hütte → Petersköpfl → Hinterkaiserfeldenalm → Vorderkaiserfeldenhütte → Kufstein

Anfahrt

ÖVM Mit der Bahn nach Kufstein und mit dem Bus nach Sparchen (Eingang Kaisertal)

Auto A8 und Inntalautobahn Ausfahrt Kufstein Nord, in Kufstein Richtung Ebbs und rechts zum Parkplatz „Kaisertal" abbiegen

Navigation N 47.593937°, E 12.187507°

Charakter Bis auf eine kurze Querung oberhalb der Sparchenstiege meist relativ steiler Anstieg auf breiten Wanderwegen. Die Gipfelrunde über das Petersköpfl (+ 1 ¾ Std.) erfolgt auf gut markierten Steigen.

Wegweiser Die Wege sind bestens beschildert.

Einkehr
- Ritzau-Alm, Tel. +43-5372-63624, www.ritzaualm.com
- Vorderkaiserfeldenhütte, Tel. +43-5372-63482, www.vorderkaiserfelden.com

Karte Kompass-Wanderkarte Nr. 9, Kaisergebirge, 1:50.000

Blumen am Weg Wald-Geißbart, Acker-Glockenblume, Weidenblättriges Ochsenauge, Berg-Gamander, Zwerg-Glockenblume, Berg-Esparsette, Weiße Schwalben-wurz, Alpen-Steinquendel, Mehlige Königskerze, Gold-Fingerkraut, Wohlriechende Händelwurz, Weiden-blättriger Alant, Kleine Braunelle, Hauhechel, Rotes Waldvögelein, Großes Zweiblatt, Dunkler Mauerpfeffer, Dunkle Akelei, Ästige Graslilie, Sterndolde, Ährige Teufelskralle, Waldhyazinthe, Geflecktes Knabenkraut, Kugelorchis, Brand-Knabenkraut, Arznei-Thymian, Rundblättrige Glockenblume, Mücken-Händelwurz, Taubenkropf-Leinkraut, Johanniskraut, Berghähnlein, Gewöhnliche Kreuzblume, Rote Lichtnelke, Bach-nelkenwurz, Vogel-Nestwurz, Ehrenpreis, Mittlerer Wegerich, Teufelskralle, Herzblättrige Kugelblume, Sonnenröschen, Simsenlilie, Silberwurz, Berg-Flockenblume, Wald-Storchschnabel, Sommerwurz, Zottiges Habichtskraut

beschilderten Abzweig zum nahen latschen-bewachsenen Petersköpfl (geradeaus geht es zur Pyramidenspitze).

Der Abstieg zur Hinterkaiserfeldenalm erfolgt mit herrlichem Wilder-Kaiser-Blick auf der Süd-ostseite des Berges. Auch hier erscheinen die Dunklen Mauerpfeffer vom Stängel über die Blätter bis zur Blüte komplett in dunkelrotem Aufzug. Die dickfleischigen Blätter regeln übrigens

den Wasserhaushalt der Pflanze, weshalb sie auf dem steinig-trockenen Untergrund gedeihen kann. An der Alm stoßen wir auf eine Steigvariante zur Pyramidenspitze; würde man ihr bis in das rund eine Viertelstunde entfernte Schuttkar folgen, stieße man auf die Hauptfundstelle unseres Dickblattgewächses …

Der Rückweg zur Vorderkaiserfeldenhütte verläuft auf einem herrlichen Panoramaweg.

Fliegen-Ragwurz und Schnee-Hainsimse

Ob beim Aufstieg zur Pleisenhütte, am Gleierschbach oder im Hinteren Kreidegraben: Die seltene Fliegen-Ragwurz scheint sich in den Karwendeltälern bei Scharnitz sehr wohl zu fühlen! Trotz großer Hitze und fortgeschrittener Jahreszeit stoßen wir zwischen Kreidegraben und Isarschlucht auf eine bemerkenswerte Kolonie. Etwas oberhalb blühen die Wohlriechende Händelwurz und das Traunsteiner Knabenkraut in prachtvollen Exemplaren. Und sowohl im Auf- als auch im Abstieg entdecken wir ein Schattengras mit weißen Blüten, das man eher am Monte Baldo oder in Kulturgärten als in unserem rauen Nordalpenklima vermuten würde: die Schnee-Hainsimse!

Aussichtsbank am Mühlberg mit Blick auf den Brunnenstein

Vom Wanderparkplatz gehen wir einige hundert Meter in Richtung Scharnitz zurück und biegen rechts in den Steig (Ww. Bärenklamm, Mühlberg, Oberbrunn). Oberhalb einer Orchideenwiese leuchten uns erstmals, getragen von grasartigen Stängeln, in dichten Rispen die Blüten der Schnee-Hainsimse entgegen. Nach Querung der Bärenklamm halten wir uns am Forstweg links, an der Y-Kreuzung abermals links und steigen auf Pfadspuren geradewegs durch die vor uns liegende Waldschneise empor. Am Geländeabsatz halten wir uns rechts und wandern den Forstweg zum Mühlberg hoch. Die gesellige Zwerg-Glockenblume blüht dutzendfach auf dem kiesigen Untergrund: Ihren schönen blauen Schlund erblicken wir nur in Liegestellung!

Oberhalb der ehemaligen Sportalm Mühlberg (1250 m) führt der Steig südostwärts in eine blütenärmere Waldzone. Hauptblüte des Anstiegs ist der Alpen-Steinquendel. Am Mittagkopf (1636 m) wird das Gelände lichter und flacher, Alpenrosen säumen den Weg. Nach kurzem Abstieg geht es steil durch Latschen

Schwierigkeit	▲ ▲
Gehzeit	4 ½ Std.
Höhenmeter	950
Recherche	30. Juni

Route Scharnitz → Mühlberg → Mittagkopf → Zäunl-kopf → Oberbrunnalm → Hinterer Kreidegraben → Scharnitz

Anfahrt

ÖVM Deutsche Bahn über Mittenwald nach Scharnitz

Auto A 95 und B 2 über Garmisch und Mittenwald nach Scharnitz, am Ortsende links in den Mühlberg-weg, Bahnlinie überqueren und rechts bis zum Park-platz am Ende der Straße

Navigation N 47.383111°, E 11.254849°

Charakter Leichte Rundwanderung durch bewaldetes Gebiet mit zwei aussichtsreichen Gipfeln und einem prächtigen Finale im Kreidegraben und im Isartal!

Wegweiser Mühlberg und Oberbrunnalm gut beschildert; im Abstieg Richtung Kreidegraben, nach Scharnitz führen viele Wege!

Einkehr
• Oberbrunnalm, Tel. +43-664-9244460
• Camping-Stüberl (Scharnitz),
  Tel. +43-5213-5119,
  Mi. Ruhetag, www.karwendelcamp.at

Karte Kompass-Wanderkarte Nr. 26, Karwendel-gebirge, 1:50.000

Blumen am Weg Punktiertes Johanniskraut, Einjähriger Feinstrahl, Zwerg-Glockenblume, Nachtkerze, Ska-biosen-Flockenblume, Wiesen-Labkraut, Natternkopf, Vogelwicke, Wiesenwachtelweizen, Mücken-Händel-wurz, Schafgarbe, Geflecktes Knabenkraut, Dunkle Akelei, Schnee-Hainsimse, Vogel-Nestwurz, Großes Zweiblatt, Bewimperte Alpenrose, Knöllchenknöterich, Grüne Waldhyazinthe, Scheuchzers Glockenblume, Teufelskralle, Hornklee, Gewöhnliches Fettkraut, Arznei-Thymian, Simsenlilie, Alpen-Steinquendel, Rote Lichtnelke, Habichtskraut, Frühlings-Enzian, Gewöhnliche Kreuzblume, Rostblättrige Alpenrose, Brillenschötchen, Silberwurz, Alpen-Fettkraut, Alpen-maßliebchen, Trollblume, Steinröschen, Waldrebe, Großer Augentrost, Gold-Pippau, Storchschnabel, Schafgarbe, Mehlprimel, Wohlriechende Händelwurz, Traunsteiner Knabenkraut, Fliegen-Ragwurz, Rund-blättriges Wintergrün, Fetthennen- und Blaugrüner Steinbrech, Katzenpfötchen, Knäuel-Glockenblume, Drüsiger Gilbweiderich, Pracht-Nelke, Taubenkropf-Leimkraut

Die Schnee-Hainsimse bietet in halbschattigen Wäldern optische Reize.

empor. Der Gipfel des Zäunlkopfes (1749 m) liegt etwas abseits der Oberbrunnalm-Route, ist aber aufgrund des grandiosen Blicks auf die nahen Karwendelketten und der einladenden Brotzeitbank einen Abstecher wert (Ww. „Schöne Aussicht")! Zurück an der Weggabelung, geht es zuletzt gemütlich absteigend zur Oberbrunn-alm. Der Hüttenwirt zeichnet sich durch Gastfreundschaft und Spendabilität aus; wer sein Schnapsglas nicht abdeckt, bekommt rasch ein zweites Mal eingeschenkt …

Oberhalb der Oberbrunnalm ist der letzte Gegenanstieg zu bewältigen (Ww. Kreidegraben). An der Einsattelung (schöne Vogel-Nestwurze und Waldreben!) hält man sich mit herrlichem Blick auf das Isartal leicht rechts und folgt dem malerischen Steig in den Kreidegraben. Die in der Sonne gleißend-hellen Kreide-Ablagerungen resultieren aus kalkhaltigem Sedimentgestein und erweisen sich durch die geringe Festigkeit als schmierig. Noch vor Erreichen des Grabens tauchen die ersten weiß bis rosa blühenden Wohlriechenden Händelwurze auf. Wie der Name besagt, können wir die Art durch einen Geruchs-test (Vanille!) leicht von der ähnlichen Mücken-Händelwurz unterscheiden; auch die Sporne sind deutlich kürzer. Das Traunsteiner Knabenkraut zeigt sich hier ebenfalls in voller Blüte.

Wir ignorieren drei Abzweige nach links (Ww. Scharnitz über Tafelesteig sowie Teufels-lochklamm) und steigen auf dem breiten Weg in das Isartal ab (Ww. Scharnitz). Nach einer langgezogenen Kehre entdecken wir an einem Waldhang Dutzende Fliegen-Ragwurze dicht nebeneinander! An der Isarbrücke – hier können wir die heißgelaufenen Füße in einem Kneippbecken kühlen! – wandern wir geradeaus (Ww. Isarsteig Scharnitz) und finden direkt am Ufer neben Alpenrosen das Rund-blättrige Wintergrün und abermals die Schnee-

Fliegen-Ragwurz

Familie	Orchideengewächse
Blütezeit	Mai bis Juli

Lebensraum Magerrasen, lichte, mäßig trockene Kiefernwälder auf kalkreichem Boden

Wichtigste Merkmale
- 15–40 cm Höhe
- Braune, wespenähnliche Blüte mit graublauem Fleck mittig der Lippe; insgesamt bis zu 20 Blüten in schmalem, locker ährigem Blütenstand
- Blattrosette mit bis zu 5 aufragenden Blättern; schmaler Stiel; drei gelbgrüne Blütenblätter

Schon gewusst? Die verwandte Bienen-Ragwurz (siehe Tour 21) ist mangels Bienen auf Selbstbe-stäubung angewiesen, imitiert „zur Sicherheit" aber dennoch trefflich das Bienenweibchen. Grabwespenmännchen scheint es hingegen noch genügend zu geben. Fragt sich nur, warum die Blume dann nicht „Wespen-Ragwurz" heißt …

Fundstellen unterwegs Im unteren Kreidegraben verstärkt am Waldhang knapp oberhalb des Isar-Talbodens (Abstieg)

Hainsimse. Auch an der folgenden Weggabelung halten wir uns links (Ww. Scharnitz), bevor es nach einer markanten Rechtskurve links über die kleine Holzbrücke in den Waldpfad geht. Am Teerweg (Pracht-Nelke!) biegen wir links, am kleinen Parkplatz halblinks ab und kehren an Camping-Stüberl und Brandlift vorbei zu Straße und Parkplatz am Bahngleis zurück.

Unser „Juli-Blütenstrauß"…

1 Alpen-Goldrute (VII–IX)
2 Alpen-Greiskraut (VII–IX)
3 Wolfs-Eisenhut (IV–VIII)
4 Ungarischer Enzian (VII–IX)
5 Gelber Enzian (VI–VIII)
6 Tüpfel-Enzian (VI–IX)
7 Kriechende Nelkenwurz (VII–IX)
8 Echte Arnika (VI–VIII)
9 Gletscher-Gämswurz (VII–VIII)
10 Großblütige Gämswurz (VII–VIII)
11 Zottiges Habichtskraut (VII–VIII)

12 Knolliges Läusekraut (VI–VIII)
13 Kopfiges Läusekraut (VI–VIII)
14 Kerners Läusekraut (VI–VIII)
15 Orangerotes Habichtskraut (VI–VIII)
16 Blattloser Steinbrech (VII–VIII)
17 Kies-Steinbrech (VII–VIII)
18 Alpen-Mauerpfeffer (VI–VIII)
19 Dunkler Mauerpfeffer (VI–VIII)
20 Berg-Hauswurz (VII–VIII)
21 Alpen-Leinkraut (VI–IX)

❶ Halbkugelige Teufelskralle (VII–IX)	⓬ Sumpf-Gladiole (VI–VII)
❷ Kugelige Teufelskralle (V–IX)	⓭ Bayerischer Enzian (VII–IX)
❸ Hallers Teufelskralle (VI–VIII)	⓮ Lungen-Enzian (VII–IX)
❹ Schwarzes Kohlröschen (VI–VIII)	⓯ Zwerg-Enzian (VII–IX)
❺ Rotes Kohlröschen (V–VII)	⓰ Blattloser Ehrenpreis (VI–VIII)
❻ Rotbraune Stendelwurz (VI–VIII)	⓱ Scheuchzers Glockenblume (VII–VIII)
❼ Stängelloses Leimkraut (VI–VIII)	⓲ Zwerg-Glockenblume (VI–IX)
❽ Gegenblättriger Steinbrech (V–VIII)	⓳ Bärtige Glockenblume (VI–VIII)
❾ Zwerg-Primel (VI–VII)	⓴ Nesselbl. Glockenblume (VII–VIII)
❿ Klebrige Primel (VI–VIII)	㉑ Rostblättrige Alpenrose (VI–VII)
⓫ Türkenbund-Lilie (VI–VII)	㉒ Bewimperte Alpenrose (IV–VI)

1 Kleinbl. Weidenröschen (VI–IX)
2 Pracht-Nelke (VI–IX)
3 Ästige Graslilie (Vi–VIII)
4 Brand-Knabenkraut (V–VI)
5 Weiße Höswurz (V–VIII)
6 Alpen-Gämskresse (V–VIII)
7 Bittere Schafgarbe (VI–IX)
8 Trauben-Steinbrech (V–VIII)
9 Moos-Steinbrech (VII–VIII)
10 Alpenmargerite (VII–VIII)
11 Sumpf-Stendelwurz (VI–VIII)

12 Alpen-Mannsschild (VI–VIII)
13 Stern-Steinbrech (VI–VIII)
14 Alpen-Hahnenfuß (V–VII)
15 Gletscher-Hahnenfuß (VII–VIII)
16 Weißer Germer (VI–VIII)
17 Alpen-Kratzdistel (VII–VIII)
18 Wollköpfige Kratzdistel (VI–IX)
19 Große Sterndolde (VI–VIII)
20 Moosauge (V–VII)
21 Echtes Mädesüß (VI–VIII)

Wiesenmahd mit der Sense

Ob die Buckelwiesen bei Mittenwald als Folge von Verwitterung und Verkarstung kalk-
haltiger Sedimente nach dem Eiszeitalter entstanden sind, ist bis heute nicht ganz geklärt.
Fest steht jedenfalls, dass die von der EU geförderte traditionelle Bewirtschaftung mit der
Sense zum Erhalt seltener Pflanzenarten beiträgt. Die Abschnitte, auf denen im Frühjahr
Tausende Stängellose Kalk-Enziane und Mehlprimeln blühen, sind im Sommer bereits
abgemäht. Dafür zeigen sich dann in diversen Feuchtbiotopen die Sumpf-Stendelwurz
und die Echte Arnika.

Sumpf-Stendelwurz ✳

Familie Orchideengewächse
Blütezeit Juni bis August

Lebensraum Moore, Sümpfe, Feuchtwiesen

Wichtigste Merkmale
- 30–50 cm Höhe
- Blütenstand mit bis zu 20 Blüten, abstehende
  Kronenblätter grünlich gefärbt und rötlich überlaufen, Unterlippe weiß gefärbt und leicht gewellt
- 2–4 schuppenartige, grün überlaufene Blätter am
  Grund

Schon gewusst? Durch die zunehmende Trockenlegung von Feuchtgebieten und eine zu frühe
Mahd – blüht für eine Orchidee relativ spät! – sind
die Bestände sehr gefährdet.

Fundstelle unterwegs Sumpfwiese am nördlichen
Rand der Buckelwiesen

Von der Parkbucht wandern wir dem
Wegweiser folgend nordwärts auf dem
Teerweg, den nahen Schmalensee passierend,
direkt in die Buckelwiesen. Zunächst relativ
blütenfrei, von etlichen Pracht-Lilien am Wegesrand abgesehen. Vor uns breitet sich rund um
zahlreiche Holzstadel eine geomorphologische
Besonderheit aus, die in der Vergangenheit an
anderen Stellen der Alpen leider gnadenlos
eingeebnet und zerstört wurde. Was die Mahd
noch nicht erledigt hat, übernehmen die eifrig
grasenden Schafe und Ziegen. Hinter dem auf
einer kleinen Anhöhe gelegenen Tonihof halten
wir uns an der Weggabelung links (Ww. Klais
über Quicken, Barmsee) und gehen nun direkt
auf das Estergebirge zu. Statt dem Weg bis an
die T-Kreuzung und dann links zu folgen, können
wir je nach Stand der Mahd auch direkt über die
Wiesen abkürzen.

In der Bachsenke sind die Wiesen auch
im Sommer noch sich selbst überlassen und
entsprechend am Blühen. Nach Entdeckung
der Mücken-Händelwurz erspähen wir auf
der angrenzenden Feuchtwiese eine große
Ansammlung von Sumpf-Stendelwurzen, die
sich mit ihren schneeweißen Blütenunterlippen
deutlich von ihrer Umgebung abheben. Kurz
vor Erreichen des Bahngleises biegen wir links
in einen unbeschilderten Landwirtschaftsweg.

Arnikablüte mit Karwendelblick

Nach kurzer Steigung erreichen wir eine Anhöhe mit einer weiteren Prachtwiese – der Höhepunkt der kurzweiligen Rundwanderung! Denn hier wiegen sich zahlreiche meist zerzauste gelbe Arnika-Blüten sanft im Wind, ein seltener Gast im Talbereich (siehe Tour 30)! Neben den weißen Waldhyazinthen sind bereits die ersten Knospen des Deutschen Fransen-Enzians zu sehen, eigentlich ein klassischer Herbstblüher. Auf einem Trampelpfad können wir die Flora vor der eindrucksvollen Mittenwalder Karwendelkette im Hintergrund in Ruhe erkunden.

Der Hauptweg führt direkt an die Staatstraße. Nach Überqueren der Bahnlinie folgen wir links dem leicht verwachsenen Steig am Bahndamm entlang. Dabei verzückt uns die wunderschöne Orchideenblüte des Roten Waldvögeleins, bevor sich unsere Runde am Schmalensee schließt.

Schwierigkeit	▲
Gehzeit	2 Std.
Höhenmeter	100
Recherche	1. Juli

Route Rundtour Schmalensee → Buckelwiesen

Anfahrt

ÖVM Deutsche Bahn über Garmisch nach Klais; vom Bahnhof zu Fuß auf Teerweg 700 m Richtung Elmau, dann links auf dem Wald- und Wiesenweg zu den Buckelwiesen

Auto A 95 und B 2 über Garmisch Richtung Mittenwald nach Klais, im Ort Bahngleise überqueren und St2542 Richtung Mittenwald, Parkmöglichkeit am Wegbeginn südlich des Schmalensees

Navigation N 47.458229°, E 11.2656°

Charakter Einfache Genusswanderung über die freien Buckelwiesen mit herrlichem Blick auf Wetterstein-, Ester- und Karwendelgebirge

Wegweiser Beschildert sind Richtungsziele, die wir nicht erreichen.

Karte AV-Karte BY 10, Karwendelgebirge Nordwest, 1:25.000

Blumen am Weg Pracht-Nelke, Wiesenknopf, Wiesen-Flockenblume, Echtes Labkraut, Großer Wiesen-knöterich, Wollgras, Echter Arznei-Baldrian, Sumpf-Stendelwurz, Schmalblättriges Weidenröschen, Echte Arnika, Mücken-Händelwurz, Waldhyazinthe, Ästige Graslilie, Deutscher Fransenenzian, Rotes Waldvögelein

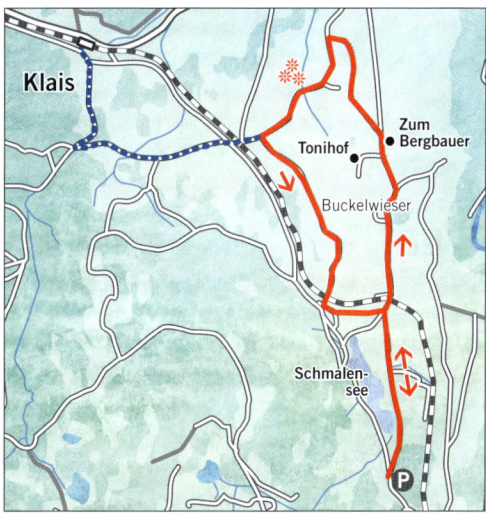

Alpenrosenrot am Zirbenweg

Der Senner Georg Gründhammer blickt von seiner Alpe Lizum etwas sorgenvoll in die nahe Bergwelt. Die Begeisterung der Wanderer für die rote Blütenpracht der Alpenrose kann er jedenfalls nicht ganz teilen. Denn das geschützte Heidegewächs breitet sich von Sommer zu Sommer immer weiter aus, sodass immer weniger Weidefläche für sein Vieh übrig bleibt. Das wirkt sich unter Umständen auch auf die Milchqualität aus, da den Kühen weniger verschiedene Kräuter zum Fressen bleiben. Die Chancen schwinden somit, den 2008 errungenen „Olympiasieg" der 14. Internationalen Käseolympiade in Galtür zu wiederholen. Abgesehen davon, dass der Almkäse dem Wanderer auch ohne Diplom auf der Zunge zergeht: Sein exzellenter Zirbenschnaps, gewonnen aus den Zapfen des geschützten Baumes, ist ein guter Trost für die geringere Wettbewerbsfähigkeit!

Unser erster Ausflug in das alpine Hochgebirge setzt für den Genusswanderer eine Übernachtung auf der Lizumerhütte voraus, um tags darauf ausgeschlafen und ohne Zeitnot den Geier (siehe Tour 27) besteigen zu können. Einziges Manko dieser blütenreichen Vorzeigelandschaft ist der Truppenübungsplatz im Hüttengelände, der als Manöver-Stützpunkt für die einheimischen Wehrsoldaten dient. Einige seltene Male wird das Gelände für die Öffentlichkeit sogar gesperrt, weshalb man vor der Anreise den sympathischen Hüttenwirt konsultieren sollte.

Am Wanderparkplatz passieren wir die Schranke der Militärbasis und gelangen ohne Höhengewinn zu einer Orchideenwiese mit prächtigen Gefleckten Knabenkräutern; die Laubblätter sind in Tirol häufig deutlich auffälliger gepunktet als bei ihren oberbayerischen Geschwistern. Dann führt uns ein malerischer Pfad direkt am schäumenden Lizumbach entlang talein. An der Forststraße halten wir uns rechts (Ww. Zirbenweg) und überwinden eine bewaldete Höhenstufe. Dann zweigt unser Steig links vom Forstweg ab und führt rasch in das flache Innermelang-Almgebiet. Auf den umliegenden

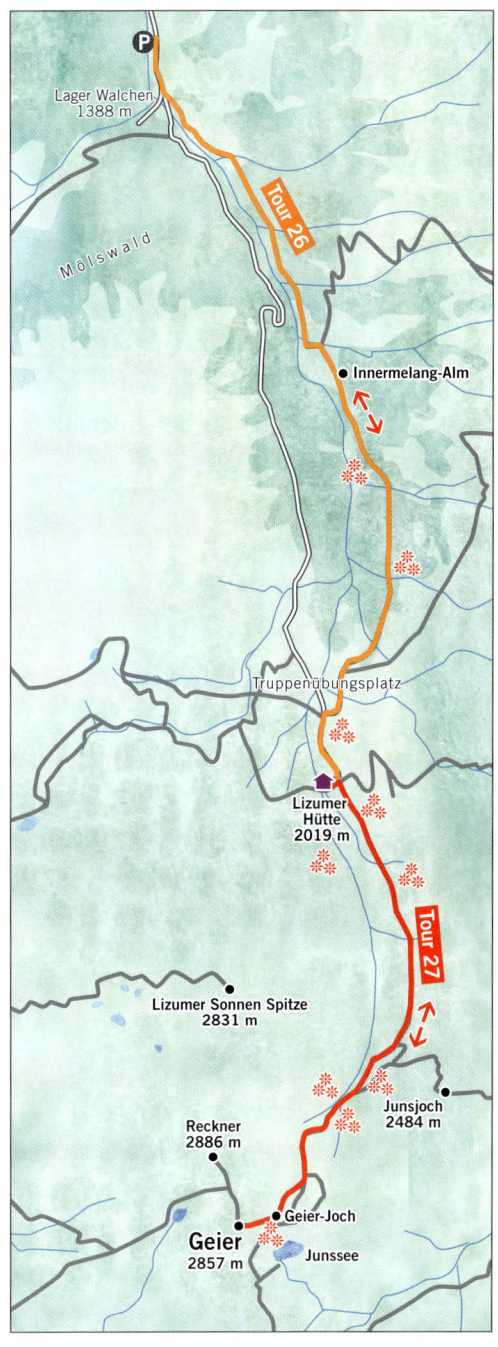

Alpenrosen-Blüte am Zirbenweg.

Schwierigkeit	▲▲
Gehzeit	2¼ Std.
Höhenmeter	650
Recherche	4. Juli

Route Walchen → Lizumerhütte

Anfahrt

Auto Inntalautobahn Ausfahrt Wattens, südwärts in den Ort, L 339 über Wattenberg bis zum Parkplatz im Talschluss (Lager Walchen; Militärschranke)

Navigation N 47.208957°, E 11.624479°

Charakter Bequemer Anstieg mit Flachstellen auf schönem Bergsteig, nur vorübergehend muss auf den Fahrweg ausgewichen werden.

Wegweiser Lizumerhütte über Zirbenweg (!) bestens beschildert

Einkehr/Übernachtung Lizumerhütte, Tel. +43-52 24-52 1 11

Karte Kompass-Wanderkarte Nr. 34, Tuxer Alpen, 1:50.000

Blumen am Weg Geflecktes Knabenkraut, Kuckucks-Lichtnelke, Hain-Steinmiere, Vogelwicke, Tauben-kropf-Leimkraut, Wiesen-Storchschnabel, Kleinblütiges Weidenröschen, Rundblättriges Wintergrün, Bärtige Glockenblume, Horn-, Braun- und Wundklee, Augen-trost, Zwerg-Glockenblume, Bachnelkenwurz, Teufels-kralle, Arznei-Thymian, Tüpfel-Johanniskraut, Scheuchzers Glockenblume, Kleines und Orangerotes Habichtskraut, Echte Goldrute, Gold-Pippau, Wiesen-Labkraut, Gewöhnliche Kreuzblume, Echte Arnika, Rostblättrige und Bewimperte Alpenrose, Weiße Höswurz, Rotes Kohlröschen, Gestutztes Läusekraut, Fetthennen-, Rispen- und Stern-Steinbrech, Sonnen-röschen, Grauer Alpen-Dost, Ehrenpreis, Katzen-pfötchen, Knöllchenknöterich, Alpenhelm, Alpen-Fettkraut, Bayerischer Enzian, Berg- und Alpen-Hahnenfuß, Schafgarbe

bunten Wiesen blühen unter anderem diverse Habichtskräuter, Glockenblumen, Johanniskräuter und Kleearten.

Hinter der letzten Almhütte münden wir in den Zirbensteig, benannt nach dem schönen Kieferngewächs, das in den nördlichen Alpen nur noch wenige vom Klima begünstigte

Landschaftsbiotope bis weit über 2000 Meter Höhe besiedelt. Es folgt ein wunderschöner Genussabschnitt auf oft weichem Untergrund mit sehr angenehmer Steigung und imposanten Bergblicken! Da ausreichend Sonne durch den lichten Wald dringt, kann sich die Flora am Wegesrand üppig entfalten. Neben dem Roten Kohlröschen fühlt sich vor allem die Weiße Höswurz wohl.

An schattigen Feuchtbiotopen sprießen verschiedene Steinbrech-Arten aus der Erde.

Besonders hübsch anzusehen ist der Stern-Steinbrech, dessen weiße Kronblätter mit zwei gelben Punkten versehen sind. Dazwischen zahlreiche tiefrote Hüllblätter in Knospenform! Ein Seitenbach sorgt für etwas Berieselung, was auch der dank seiner meist orangefarbenen Blüten gut erkennbare Fetthennen-Steinbrech zu schätzen weiß. Der seltene weißblütige Rispen-Steinbrech hingegen, dessen fleischige Basisblätter ein Rosettenpolster bilden, bevorzugt eher trockene Standorte.

Rostblättrige Alpenrose

Familie Heidekrautgewächse
Blütezeit Juni bis Juli

Lebensraum In alpinen Zwergstrauchgemeinschaften oberhalb der Waldgrenze, bevorzugt kalkreiche, humusreiche Böden

Wichtigste Merkmale
- 20–100 cm Höhe
- Leuchtend rote Blüten am Zweigende, Krone glockig mit 5 stumpfen Zipfeln
- Dunkelgrüne glatte Blätter, bei älteren Exemplaren rostbraune Schuppenbildung an der Blattunterseite

Schon gewusst? In schneearmen Wintern leidet die immergrüne Pflanze mangels Schutz unter dem Frost und bildet im Folgejahr weniger Blüten aus.

Fundstellen unterwegs Flächendeckende Blütenteppiche rund um die Lizumerhütte

Weiße Höswurz

Familie Orchideengewächse
Blütezeit Juni bis August

Lebensraum Magerrasen und Weiden bis in alpine Höhenstufen

Wichtigste Merkmale
- 10–40 cm Höhe
- Dichter Blütenstand aus zahlreichen helm- oder glockenförmigen weißgelben Blüten; Unterlippe dreiteilig
- Aufrecht stehende Laubblätter in der Stängelmitte am stärksten ausgeprägt

Schon gewusst? Die Orchidee, die oft auch Weißzüngel genannt wird, bevorzugt mangels Durchsetzungskraft höhere Gefilde und ist somit eine typische Alpin-Pflanze.

Fundstellen unterwegs Wiesen im lichten Zirbenwald

Je höher wir steigen, desto präsenter ist die Alpenrose! Mit Erreichen des Lizumer-Hütten-Areals sind die umgebenden Wiesen über mehrere Quadratkilometer vom Alpenrosenrot überwuchert! Südlich der Lizumerhütte – die wir nach Passieren des Militärgeländes und der Alpe Lizum auf dem Fahrweg erreichen – und dem angrenzenden See lässt sich das leuchtend rote Blütenmeer im Abendlicht nachhaltig mit der Fotokamera verewigen. Vor lauter Begeisterung kann man die hüttennahe Feuchtwiese mit Knabenkräutern und Wollgras leicht übersehen.

Stern-Steinbrech und Bärtige Glockenblume beim Anstieg zur Lizumerhütte; der Lizumbach begleitet uns nur im Talboden.

Faszination Gletscher- und Steinbrech-Flora

Wie hartnäckig der Winter im Hochgebirge ist, zeigt sich an den vereinzelten Schnee-feldern, die selbst im Juli noch anzutreffen sind. Pflanzen, die hier überleben, müssen über eine besondere Robustheit verfügen. Das schaffen sie beispielsweise in Form ihrer fleischigen Blätter, die Wasser speichern und selbst strengem Frost trotzen können. Die hochalpine Blütensaison ist zwar kurz, aber unglaublich facettenreich und faszinierend! Am Geier treffen wir vis-à-vis der Zillertaler Gletscherwelt von der Klebrigen Primel über einige Steinbrech-Arten und die Kriechende Nelkenwurz bis zum Gletscher-Hahnenfuß auf typische Hochgebirgspflanzen.

Wer sich am Vorabend an den Alpenrosen noch nicht satt gesehen hat (siehe Tour 26), kommt während der ersten halben Stunde beim Aufstieg Richtung Geier voll auf seine Kosten. Der Steig zieht in mäßiger Steigung an den Westhängen der Kalkwand-Spitze empor und ist von Weitem gut einsehbar. Da die Sonne morgens noch nicht über die Bergkette lugt, befinden sich sehenswerte Blüten wie die Alpen-Waldrebe und der Tüpfel-Enzian noch im Dämmerschlaf und sind somit zwischen den Alpenrosen leicht zu übersehen. Deutlich auffälliger sind die rosaroten Polster des Stängellosen Leimkrauts.

Noch vor dem Wegabzweig zum Junsjoch ändert sich das Landschaftsbild: Statt üppiger Strauchvegetation breiten sich felsendurchsetzte Wiesenmatten vor uns aus, darüber führen steile, gelegentlich mit Schneefeldern durchzogene Schuttkare direkt auf den Geier zu. Dass wir nur relativ wenige gelb blühende Gämswurze sehen – im Gegensatz zur Clusius-Art ist die Gletscher-Variante dicht behaart –, liegt vielleicht daran, dass die Pflanzen aufgrund eines enthaltenen Süßstoffes zur Leibspeise der Gämsen gehören. Eine andere auffällig gelb blühende Blume, umgeben von Dutzenden Alpen-Hahnenfüßen, fasziniert uns bei der Querung eines flachen Schuttfeldes umso mehr: Die Kriechende Nelkenwurz! Warum diese bildschöne Pflanze im

Kriechende Nelkenwurz

Familie Rosengewächse
Blütezeit Juli bis August

Lebensraum Kalkarme und feuchte Schutthalden in den Zentralalpen

Wichtigste Merkmale
- 5–15 cm Höhe
- Goldgelbe Blüten mit rotbraunen Kelchblättern sitzen einzeln am Stängel.
- Häufig heben sich die rötlichen Ausläufer am Boden deutlich von der Umgebung ab; gefiederte Grundblätter rosettenartig angeordnet

Schon gewusst? Die etwas tiefer blühende Berg-Nelkenwurz hat grüne Kelchblätter, außerdem sind die Endblätter der Grundblätter viel größer als die Seitenblätter und die Kriechstängel fehlen.

Fundstellen unterwegs Verstärkt im großen Schuttfeld auf ca. 2300 m Höhe und zerstreut im Anstieg zum Geier-Gipfel

Schwierigkeit	▲▲
Gehzeit	6 Std.
Höhenmeter	900
Recherche	5. Juli

Route Lizumerhütte → Geier-Joch → Geier → Lizumerhütte → Walchen

Anfahrt und Hüttenanstieg

siehe Tour 26

Charakter Technisch einfacher, in Abschnitten steiler Anstieg mit fulminantem Gipfelblick in die Zillertaler Alpen! Im oberen Schuttkar können Altschneefelder den Anstieg erschweren.

Wegweiser Geier (über Geier-Joch) bestens markiert und beschildert

Einkehr/Übernachtung Lizumerhütte, Tel. +43-5224-52111

Karte Kompass-Wanderkarte Nr. 34, Tuxer Alpen, 1:50.000

Blumen am Weg Rostblätträttrige Alpenrose, Sonnenröschen, Bayerischer Enzian, Wundklee, Hornklee, Alpenhelm, Blattloser Ehrenpreis, Stängelloses Leimkraut, Alpen-Leinkraut, Silberwurz, Alpen-Waldrebe, Alpenlattich, Mehlprimel, Alpen-Hahnenfuß, Stängelloser Kalk-Enzian, Moschus-Schafgarbe, Eisenhutblättriger Hahnenfuß, Vergissmeinnicht, Gelbe Platterbse, Tüpfel-Enzian, Alpenglöckchen, Alpen-Süßklee, Clusius Gämswurz, Gletscher-Gämswurz, Berg-Nelkenwurz, Kriechende Nelkenwurz, Klebrige Primel, Zwerg-Primel, Zweiblütiger Steinbrech, Alpen-Aster, Alpen-Gämskresse, Mannsschild-Steinbrech, Alpen-Gänsekresse, Gletscher-Hahnenfuß, Gegenblättriger Steinbrech, Trauben-Steinbrech, Geschnäbeltes Läusekraut

Schuttwüste mit versteckten Blüten am Geier-Joch

Volksmund auch Gletscher-Petersbart heißt, wird erst am seidig behaarten, roten Federbart der Frucht erkennbar. Dann kann sie auch doppelt so hoch wachsen wie im Blütezustand.

Das Gelände wird steiler, etwas mühsam zieht der Steig über Geländerücken und durch Schuttkegel empor. Zunächst nur sporadisch in vereinzelten Exemplaren auftauchend, überzieht die Klebrige Primel einen Steilhang mit

An diesem Hang blüht die rotviolette Klebrige Primel nicht nur vereinzelt, sondern in stattlicher Anzahl.

Hunderten von Blüten! Etwas oberhalb beginnt die Zone der Steinbrechgewächse. Wir haben vier unterschiedliche Arten identifiziert: Der Zweiblütige Steinbrech fällt mit seinen zarten roten Kronblättern und dem gelben Schlund besonders auf; der Gegenblättrige Steinbrech weist wie der Zweiblütige auch gegenständige Blätter auf, ist aber an den größeren Blüten erkennbar; beim weiß blühenden Mannsschild-Steinbrech sind Stängel und Blattränder drüsig behaart, die Blätter rosettenartig; und der Trauben-Steinbrech bildet aus rasenartigem Untergrund weiße Blütenrispen, die sich am Stielende verzweigen. Außerdem lernen wir noch den Unterschied zwischen Alpen-Gäms-

Klebrige Primel

Familie Primelgewächse
Blütezeit Juni bis August

Lebensraum Kalkarme Steinböden in den Zentralalpen

Wichtigste Merkmale
- 3–10 cm Höhe
- Duftende, rotviolette bis dunkelblaue Blüten in kopfiger Dolde, Krone am Schlund mit dunklem Ring
- Klebrige Staude mit kurzen Drüsenhaaren und grundständigen gezähnten Blättern

Schon gewusst? Die verwandte Zwerg-Primel hat rosarote Blüten mit weißem Schlund und mehrere Sägezähne am eingerollten Blattrand.

Fundstellen unterwegs Im nordschattigen Schutt- und Wiesengelände unterhalb der Geier-Scharte sowie südwestseitig unterhalb des Gipfels

kresse (weiße doldenartige Blütentrauben) und Alpen-Gänsekresse
(weiße gestielte Blüten; stängel-
umfassende Blätter) kennen.

Auf dem Geier-Joch (2743 m)
öffnet sich ein herrlicher Blick
auf den Olperer und die Zillertaler
Gletscherwelt. In dieser privilegierten Lage zeigt sich nicht
nur der Gletscher-Petersbart in
voller Blüte, sondern auch der
prächtige Gletscher-Hahnenfuß
(siehe Tour 31)! Wohl dem, der
nicht wie wir ob eines drohenden
Gewitters zur Eile getrieben
ist und diesen fantastischen
Ort in Ruhe genießen kann!
Welch gespenstische Szenerie:
Grauschwarze Wolken treiben
deutlich schneller über die
Gletscherberge als die Eisschollen
auf dem unter uns liegenden
Junssee, doch die vielen gelben,
weißen und roten Blüten sorgen
dennoch für Farbtupfer im
Einheitsdunkel. Rasch noch an
einem Klebrige-Primel-Teppich
vorbei über die Südostschulter
zum Geier-Gipfel (2857 m) empor,
um sich dann von Regen und
Wind gepeitscht gleich an den
Rückzug zu machen.

Der Abstieg verläuft dann
überraschend wieder im Sonnen-
glanz, zwar auf bekannter Route,
aber mit neuen Entdeckungen:
Die Alpen-Aster und die Gelbe
Platterbse etwa hatten wir beim
Aufstieg gar nicht gesehen …

Während am Junssee die Eisschollen treiben, blühen Nelkenwurz und Enzian auf
saftigen Blattpolstern.

Sumpf-Gladiole in verschwenderischer Blüte

Die klar erkennbaren Trampelpfade im Naturschutzgebiet Magnetsrieder Hardt sind purer Luxus, denn somit kommt der Pflanzenliebhaber direkt an die Blüten heran. Ab Mitte Juni blühen hier nach Angaben des Bund Naturschutzes über 20.000 Exemplare der streng geschützten Sumpf-Gladiole! Um den deutschlandweit bedeutsamen Bestand nicht zu gefährden, ist die Disziplin der faszinierten Besucher – auf den Wegen bleiben; etwaige Verbotsschilder beachten! – dringend geboten! Weitere sehenswerte Blüten zu dieser Jahreszeit: die Ästige Graslilie, der Klebrige Lein, der Schlauch-Enzian, das Kleine Mädesüß und die Sumpf-Stendelwurz.

Nur wenige Meter vom Parkplatz entfernt blüht die Sumpf-Gladiole in rauen Mengen!

Weiter südlich führt der Pfad unmittelbar an der Sumpf-Stendelwurz vorbei.

Schwierigkeit	▲
Gehzeit	1 ½ Std.
Recherche	6. Juli

Route Hardtkapelle → Magnetsrieder Hardt und zurück

Anfahrt

Auto A 95 und 952 nach Starnberg, B 2 Richtung Weilheim, vor Wielenbach St 2066 nach Diemendorf, vor dem Bahnübergang rechts nach Bauerbach, rechts in die Hardtkapellenstraße, Parkplatz an der Kapelle

Navigation N 47.84988°, E 11.216462°

Charakter Kurzer Spaziergang auf guten Wegen und, je nach Erkundungsgeist, feuchten Trampelpfaden in den Hardtwiesen.

Wegweiser Wiesenwege südlich der Hardtkapelle nicht zu verfehlen

Karte Kompass Wanderkarte Nr. 180, Starnberger See Ammersee, 1:50.000

Blumen am Weg Sumpf-Gladiole, Ästige Graslilie, Sterndolde, Sumpf-Stendelwurz, Echtes Labkraut, Großer Wiesenknopf, Wiesen-Flockenblume, Kleines Mädesüß, Lungen-Enzian, Klebriger Lein, Rundblättrige Glockenblume, Heil-Ziest, Schafgarbe, Tauben-Skabiose, Gelber Enzian, Johanniskraut, Sumpf-Herzblatt, Mücken-Händelwurz, Wollgras, Rundblättriger Sonnentau, Sonnenröschen, Rotbraune Stendelwurz, Grüne Waldhyazinthe, Wiesen-Salbei, Weidenblättriger Alant, Wald-Witwenblume, Gewöhnlicher Gilbweiderich, Acker-Glockenblume

Als „Geheimtipp" kann man die Hardtwiesen nicht bezeichnen, da die Hardtkapelle jedes Jahr von etlichen Besuchern angesteuert wird und die Sumpf-Gladiole bereits in der nördlich angrenzenden Wiese prächtig gedeiht. Im Zentrum der Kapelle befindet sich am Boden ein großer Stein mit dem Fußabdruck jenes wie aus dem Nichts erschienenen Hirten, der einer Legende nach einst mit den Worten: „So wahr ich tritt diesen Stein, ist dies Haunshofer G'mein!" einen jahrelangen Streit zwischen zwei Gemeinden um die Weidenschaft vor Ort beendet haben soll. Am Fuß des Altars können die frommen Pilger die Mutter Gottes, Maria die Helferin, in Ehren halten.

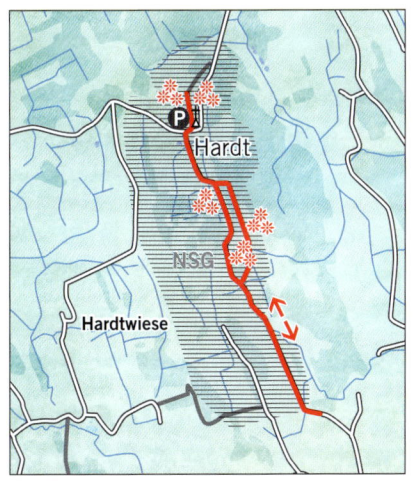

Mindestens ebenso viel Verehrung hat die grazile Sumpf-Gladiole verdient, die auf der Roten Liste akut gefährdeter Pflanzen steht und bereits in der angrenzenden Streuwiese in stattlicher Anzahl blüht. Stichpfade führen vom breiten Kiesweg beidseitig in die Wiesen, und bei den Abstechern entdeckt man mit etwas Glück den rosa blühenden Klebrigen Lein (siehe Tour 21) und den seltenen Lungen-Enzian, der bei extremer Konkurrenzsituation – z. B. hohe Gräser! – bis zu einem Meter Höhe wachsen kann; die Stängelspitze weist ein bis drei tiefblaue Blüten auf, am Stängel wachsen zahlreiche eilanzettlich-schmale Laubblätter. Das ebenfalls beachtenswerte Kleine Mädesüß unterscheidet sich von seinen Verwandten durch die grundständige Rosette aus gefiederten Laubblättern. Für die Ästige Graslilie, die unmittelbar am Wegesrand wie Unkraut wuchert, benötigt man keinen Abstecher ins feuchte Gras. Schön anzusehen auch die zahlreichen gelb blühenden, nach Honig duftenden Echten Labkräuter und die Wiesenknöpfe als rote Farbtupfer.

Nach Erkundung der Streuwiese kehren wir zu Kapelle und Parkplatz zurück und setzen die Wanderung jenseits der Straße Richtung Süden fort. Nach einer kurzen Waldpassage führt der Weg in offenes Sumpfwiesen-Gelände. Auch hier führen wieder Stichwege mitten in das wertvolle Biotop hinein, der feuchtweiche Untergrund lädt zum Barfußwandern ein. Wieder blüht die Sumpf-Gladiole hier in Scharen, doch auch die Sumpf-Stendelwurz, eine Vorzeige-Orchidee mit fast exotisch anmutender Blüte (siehe Tour 25), tritt hier erfreulich zahlreich auf. Den Gelben Enzian haben wir, da in unzugänglichem Terrain für uns unerreichbar – nur aus der Ferne gesehen …

Die Stichpfad-Route stößt automatisch wieder auf den Hauptweg. Man könnte diesem bis Magnetsried folgen und die Wanderung

Sumpf-Gladiole ✳

Familie	Schwertliliengewächse
Blütezeit	Mitte Juni bis Mitte Juli

Lebensraum Sumpf- und Streuwiesen, Halbtrockenrasen mit Hangwasserzufluss

Wichtigste Merkmale
- 30–60 cm Höhe
- Einheitswendige Blütenstände mit bis zu acht purpurroten Einzelblüten; auffallend ist die rot umrahmte helle Zeichnung in den mittleren unteren Blütenblättern
- Unverzweigter Stängel mit grundständigen Laubblättern

Schon gewusst? Im Mittelalter fühlten sich die Ritter mit der Knolle unter der Rüstung so stark, dass sie sich für unbezwingbar hielten; Grund genug, die Pflanze „Siegwurz" zu nennen!

Fundstellen unterwegs Verbreitet nördlich der Hardtkapelle und im Magnetsrieder Hardt

in großem Bogen über Ungertsried und den Weiler Hardtwiese als Rundtour abschließen. Zu dieser Jahreszeit sind die Streuwiesen hier jedoch schon abgemäht, sodass diese Zugabe ziemlich blütenarm ausfiele. Aus diesem Grund empfehlen wir die Umkehr am Ausgang des Naturschutzgebietes, den wir am Schild „Kreuzotter-Schutzgebiet" erkennen.

Ästige Graslilie

Familie   Liliengewächse
Blütezeit   Juni bis August

Lebensraum Wiesen, Magerrasen, Waldränder, lichte Wälder; bevorzugt an warmen Standorten

Wichtigste Merkmale
- 30–80 cm Höhe
- Lockere Blütenrispe mit trichterförmigen Blüten; je 6 weiße Blütenblätter und gelbe Staubblätter
- Grasartige Stängelblätter bis 50 cm lang, Pflanze mehrfach verzweigt

Schon gewusst? Bevor die Graslilie zu blühen beginnt, taucht sie durch die grasähnlichen Blätter in einer Blumenwiese vollständig unter.

Fundstellen unterwegs Verbreitet auf der Feuchtwiese nördlich der Hardtkapelle, vereinzelt im Magnetsrieder Hardt

Graslilien-Wiese mit Wanderin und Hardtkapelle

Reizvolle Kesselumrundung

Dreimal zu Besuch am Brecherspitz. Während Anfang Mai zahlreiche blaue Enziane zwischen den Schneefeldern sprießen, zieht im Juni die Alpen-Kuhschelle (siehe Tour 22) mit ihren schneeweißen Blüten die Blicke auf sich. Am attraktivsten zeigt sich die Bergflora jedoch Anfang Juli, wenn unter anderem der Gelbe Enzian und der Türkenbund in voller Blüte stehen. Äußerst lohnend ist auch die hufeisenförmige Gratwanderung hoch über dem Ankl-Alm-Kessel mit großartigen Ausblicken auf das Mangfallgebirge und den Schliersee.

Wer mit der Oberlandbahn anreist, erreicht den Ausgangspunkt nach 900 Metern auf der Waldschmidt- und Grünseestraße (Ww. Brecherspitz). Am Ortsrand führt der breite Wanderweg anfangs nur gering ansteigend in den Wald, bevor nach Überqueren des Anklbachs der eigentliche Anstieg beginnt. Anfang Mai kann man seine Brotzeit mit frischem Bärlauch bereichern, der in einer Waldpassage in der Anklbach-Schlucht üppig gedeiht (und Anfang

Schwierigkeit	▲▲
Gehzeit	4 ½ Std.
Höhenmeter	920
Recherche	9. Juli (4. Mai, 3. Juni)

Route Neuhaus → Ankl-Alm → Brecherspitz → Freudenreichkapelle → Ankl-Alm → Neuhaus

Anfahrt

ÖVM Bayerische Oberlandbahn (BOB) nach Fischhausen-Neuhaus

Auto A 8 Ausfahrt Weyarn, B 307 über Schliersee nach Neuhaus, am Bahnhof rechts in die Waldschmidtstraße, nach der Bachbrücke rechts in die Grünseestraße, Parkmöglichkeit nach 200 m

Navigation N 47.700303°, E 11.871843°

Charakter Anstieg zur Ankl-Alm auf einem teils steilen Forstweg, dann herrlicher Rundweg auf gut markiertem Steig hoch über dem Almkessel (Brecherspitz-Überschreitung); an manchen Stellen etwas Trittsicherheit erforderlich (Drahtseile), bei Nässe glitschig!

Wegweiser Ankl-Alm und Brecherspitz bestens beschildert

Einkehr Ankl-Alm, Ehard-Alm (hintere Hütte); geöffnet nur zur Almsaison

Karte AV-Wanderkarte BY 15, Mangfallgebirge Mitte, 1:25.000

Blumen am Weg
- **4. Mai:** Frühlings-Enzian, Stängelloser Kalk-Enzian, Wundklee, Silberwurz, Seidelbast, Rote Lichtnelke, Sumpfdotterblume
- **3. Juni:** Herzblättrige Kugelblume, Wund- und Hufeisenklee, Röhriger Gelbstern, Brillenschötchen, Alpen-Steinquendel, Stattliches Knabenkraut, Berg-Baldrian, Sonnenröschen, Buchsblättrige Kreuzblume, Alpen-Fettkraut, Trollblume, Silberwurz, Alpen-Hahnenfuß, Katzenpfötchen, Nacktstängelige Kugelblume, Steinröschen, Beblättertes Läusekraut, Eisenhutblättriger Hahnenfuß, Gewöhnliche Kreuzblume, Storchschnabel, Vergissmeinnicht, Alpen-Schaumkraut, Alpen-Labkraut, Berg-Flockenblume, Hundsrose, Goldnessel, Vogel-Nestwurz, Weißes Waldvögelein
- **9. Juli:** Wald-Geißbart, Sterndolde, Ährige Teufelskralle, Geflecktes Knabenkraut, Taubenkropf-Leimkraut, Wolfs-Eisenhut, Weißer Germer, Gelber Enzian, Kugelorchis, Alpen-Greiskraut, Arznei-Thymian, Rundblättrige Glockenblume, Mücken-Händelwurz, Bewimperte Alpenrose, Johanniskraut, Ungarischer Enzian, Teufelskralle, Kopfiges Läusekraut, Braunelle, Zottiges Habichtskraut, Sonnenröschen, Kriechendes Gipskraut, Simsenlilie, Silberwurz, Rotbraune Stendelwurz, Türkenbund-Lilie, Berg-Flockenblume, Allermannsharnisch, Wald-Storchschnabel, Wollköpfige Kratzdistel, Sommerwurz, Dunkle Akelei

Gelber Enzian hoch über der Ehard-Alm; links ist die Aufstiegsroute zum Brecherspitz zu erkennen.

Gelber Enzian

Familie	Enziangewächse
Blütezeit	Juni bis August

Lebensraum Weiden, Magerrasen und grasreiche, lichte Wälder

Wichtigste Merkmale
- 50–140 cm Höhe
- Sternförmig ausgebreitete, gelbe Blüten mit langem Fruchtknoten in den oberen Blattachseln
- Kräftiger Stängel mit gegenständigen, breiten Blättern, die 5–7 auffällige Adern aufweisen

Schon gewusst? Der Gelbe Enzian benötigt fast zehn Jahre für sein Wachstum, dafür wird er bis zu 60 Jahre alt. Ohne Blüten ist er leicht mit dem giftigen Weißen Germer (siehe Tour 34) zu verwechseln, der jedoch wechselständigen Blattwuchs aufweist.

Fundstellen unterwegs Nordhang unterhalb und Osthang oberhalb der Ankl-Alm

Juni dann blüht). Später lichtet sich der Wald, und bereits vor Erreichen der Ankl-Alm sprießen der Weiße Germer und der Gelbe Enzian um die Wette, wobei Letzterer klar dominiert. Die beiden Pflanzen sind ohne Blüte leicht zu verwechseln: Beim Gelben Enzian wachsen die breiten Stängelblätter gegenständig, beim Germer wechselständig.

Zwischen Ankl-Alm und Ehard-Alm (beide zur Almsaison bewirtschaftet) ist unsere Grat-Rundwanderung bestens einsehbar. Im Anstieg halten wir uns ostwärts und steigen über mäßig steile Enzian-Grashänge (sogar der seltene Ungarische Enzian gibt sich hier im Sommer die Ehre) zum Geländerücken auf. Im Schutz der Latschen zieht der Steig dann zum Brecherspitz empor; unterwegs entdecken wir Anfang Juni erste Alpen-Kuhschellen (andere blühen in Gratnähe beim Übergang zur Kapelle) und das seltene Beblätterte Läusekraut (siehe Tour 22); das rote Kopfige Läusekraut und das Zottige Habichtskraut blühen etwas später. Am aussichtsreichen Gipfel gedeiht das Kriechende Gipskraut.

Der Abstieg erfolgt zunächst nach Westen. Nach dem Obere-Firstalm-Abzweig helfen Drahtseile im Gegenanstieg über eine kleine Felsstufe hinweg. Dann wendet sich der Steig mit Blick auf das Alpenvorland nach Norden. An Lichtungen stoßen wir ebenso auf prächtige Türkenbund-Lilien wie in der bunten Wiese nahe der Freudenreichkapelle; hier blüht ab Mitte Juni der essbare, nach Knoblauch duftende Allermannsharnisch recht dicht (Anfang Mai schöne Seidelbast-Bestände!).

Hinter der Kapelle geht es recht steil in eine Einsattelung hinab (Vorsicht bei rutschigen Verhältnissen), bevor wir nach Osten zu den Almhütten absteigen. Als ob der Gelbe Enzian die Morgensonne bevorzugen würde, bringt er hier in

Die eindrucksvolle Türkenbund-Lilie in zwei Farbmuster-Varianten

der Anzahl nie gesehene stattliche Blütenkerzen-Kolonien hervor; am gegenüberliegenden West-hang (Aufstieg) blüht kein einziges Exemplar! Majestätisch erheben sich die bis zu eineinhalb Meter hohen, in mehreren Blattachsel-Etagen gelb blühenden Enziangewächse als stumme Wächter über dem grünen Almboden. Aus den Wurzelknollen wird übrigens der beliebte Enzian-Schnaps hergestellt.

An den Almen schließt sich der Kreis, der Abstieg nach Neuhaus erfolgt auf dem bekannten Forstweg. Mit etwas Glück entdecken wir im Talboden noch eine Rarität: das Alpen-Labkraut, dessen gelbweiße Blütendolden aus den oberen Blattquirlen hervorsprießen.

Türkenbund-Lilie

Familie Liliengewächse
Blütezeit Juni bis Juli

Lebensraum Wälder mit krautigem Unterwuchs (meist im Halbschatten), Bergwiesen

Wichtigste Merkmale
- 40–90 cm Höhe
- Nickende, turbanähnliche Blüten mit 6 hellpur-purnen, dunkel befleckten, zurückgerollten Blütenblättern, Staubbeutel tief orangerot
- 4–8 quirlförmige Blätter in der Stängelmitte

Schon gewusst? Mit der Abenddämmerung beginnen die Blüten massiv zu duften und locken somit zahl-reiche Weinschwärmer und Taubenschwänzchen an. Rehe knabbern gerne die Knospen, Blattkäfer die Blüten an.

Fundstellen unterwegs Zerstreut am Grat zwischen Brecherspitz und Freudenreichkapelle

Ein Sommertraum
im Gamsrevier

Schwierigkeit	▲ ▲
Gehzeit	4 Std.
Höhenmeter	900
Recherche	10. Juli

Route Parkplatz → Wildkaralmen → Schnittlauch-wiese → Hinteres Sonnwendjoch → Steinkaseralm → Ackernalm → Parkplatz

Anfahrt

Auto A 8 Ausfahrt Weyarn, B 307 über Schliersee nach Bayrischzell, St 2075 zum Ursprungpass, hinter der Passhöhe rechts die Mautstraße Richtung Ackernalm ca. 5,5 km bis zur kleinen Parkbucht (Wegbeginn Wildenkaralm) hochfahren

Navigation N 47.589089°, E 11.966815°

Charakter Aufstieg über einen schönen Almweg, durch die atemberaubende Schnittlauchwiesen-Schlucht und über sonnige Bergsteige zum Gipfel. Der Abstieg erfolgt teils auf Pfaden, teils auf breiten Alm- und Teerwegen

Wegweiser Im Aufstieg Wildenkaralm und Sonnwend-joch, im Abstieg Ackernalm und Landl

Einkehr Ackernalm, Tel. +43-664-4150580, www.ackernalm.at

Karte Kompass-Wanderkarte Nr. 8, Tegernsee Schliersee, 1:50.000

An den Südhängen des Hinteren Sonn-wendjochs sprießen Blumen und Kräuter derartig üppig, dass sich die Gämsen hier nach Belieben ihren Winterspeck anfressen können. Im Taleinschnitt der sogenannten Schnittlauchwiese haben wir – allerdings bei sehr frühem Aufbruch! – ein Rudel von über 60 Tieren entdeckt! Die saftige Wiese liegt im Schatten der kleinen, aber imposanten Burgstein-Nordwand, die der Südflanke des Sonnwendjochs vorgelagert ist. Zur Blütezeit ist das Becken mit Hun-derten von kugelig-violetten Blütenköpfen übersät! Bei uns herrschte zwar gerade die Knospenphase, aber die Blütentafel war auch so reichlich gedeckt – die dicht be-wachsene Arnikawiese im Abstieg ist nur ein Beispiel hierfür!

D er erste Abschnitt der Wanderung verläuft bis zur Wildenkaralm auf einem kleinen Teersträßchen. Bereits hier entdecken wir vom Gelben Enzian direkt am Parkplatz über einige Orchideen und der Türkenbund (siehe Tour 29)

Blumen am Weg Echter Arznei-Baldrian, Stattliches und Geflecktes Knabenkraut, Wollköpfige Kratzdistel, Klappertopf, Gelber Enzian, Scheuchzers Glocken-blume, Gewöhnlicher Dost, Hundsrose, Taubenkropf-Leimkraut, Berg-Flockenblume, Gewöhnliche Kreuz-blume, Weißer Mauerpfeffer, Kleine Braunelle, Weiß-Klee, Mücken-Händelwurz, Blaugrüner Steinbrech, Lungenkraut, Türkenbund-Lilie, Wolfs-Eisenhut, Ährige Teufelskralle, Wald-Geißbart, Alpen-Milchlattich, Schmalblättriges Weidenröschen, Wald-Ziest, Nessel-blättrige Glockenblume, Zwerg-Glockenblume, Kopfiges Läusekraut, Storchschnabel, Wiesen-Flockenblume, Teufelskralle, Alpen-Steinquendel, Sommerwurz, Dunkle Akelei, Rotbrauner Stendelwurz, Großblütiger Fingerhut, Brand-Knabenkraut, Wollgras, Grüne und Weiße Waldhyazinthe, Bachnelkenwurz, Arznei-Thymian, Sonnenröschen, Gold-Pippau, Gelber Wau, Schwarzes und Rotes Kohlröschen, Arnika, Kugel-orchis, Knöllchenknöterich, Herzblättrige Kugelblume, Wundklee, Schnittlauch, Alpen-Aster, Vergissmein-nicht, Bittere Schafgarbe, Bewimperte Alpenrose, Akeleiblättrige Wiesenraute, Stängelloser Kalk-Enzian, Frühlings-Enzian, Eisenhutblättriger Hahnenfuß, Alpenglöckchen, Sumpfdotterblume, Zweiblütiges Veilchen, Frauenmantel, Fetthennen-Steinbrech, Kriechendes Gipskraut, Berg-Spitzkiel, Zottiges und Kleines Habichtskraut, Katzenpfötchen, Weiße Hös-wurz, Hallers Wucherblume, Bärtige Glockenblume, Johanniskraut, Moschus-Malve

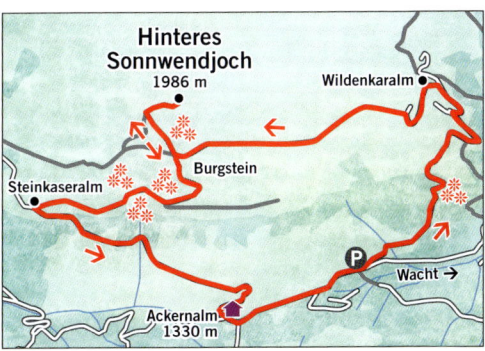

Welch Kontrast: im Talgrund die saftig-grüne Schnittlauchwiese (nicht im Bild), darüber die imposante Burgstein-Nordwand

bis zur Arnika zahlreiche geschützte Alpenpflanzen. An einer von kleinen Rinnsalen durchzogenen Felswand blüht der Weiße Mauerpfeffer, der wie sein „roter Bruder", der Dunkle Mauerpfeffer (siehe Tour 23), dichte Polsterrasen aus fleischigen Blättern bildet. Erwähnenswert auch die zahlreichen kräftigen Exemplare des Brand-Knabenkrauts sowie der Weißen und Grünen Waldhyazinthe. Nebenbei genießen wir den wunderbaren Blick auf das Kaisergebirge.

An den Wildenkaralmen zweigt unser Steig nach Westen ab (Ww. Ht. Sonnwendjoch). Wir folgen den Pfadspuren über eine Wiese, bevor unser markierter Steig an der oberen Alm hinter einem Gelber-Wau-Busch beginnt. Je höher wir steigen, desto markanter baut sich die Burgstein-Felswand vor uns auf. Die Kugelorchis und die ersten Kohlröschen – außer dem Schwarzen gibt es in der Folge auch einige wenige Rote zu sehen! – säumen neben dem Kopfigen

Schwarzes Kohlröschen

Familie	Orchideengewächse
Blütezeit	Juni bis August

Lebensraum Alpine Magerrasen oberhalb von 1500 m

Wichtigste Merkmale
- 5–20 cm Höhe
- Blütenstand beim Aufblühen eher kegelförmig, in voller Blüte eher eiförmig; meist schwarzpurpurne, nach Vanille duftende Blüten
- Zahlreiche Laubblätter mit linealisch-grasartiger Form

Schon gewusst? Sobald eine Wiese gedüngt wird, stirbt das Kohlröschen aus. Verzehren Kühe diese seltene Pflanze, färbt sich die Milch blau und die Milchprodukte riechen nach Vanille.

Fundstellen unterwegs Anstieg zur Schnittlauchwiese, Südhänge am Hinteren Sonnwendjoch

Echte Arnika

Familie	Korbblütengewächse
Blütezeit	Mitte Juni bis Anfang August

Lebensraum Saure und magere Rasen, Weiden, Feuchtwiesen

Wichtigste Merkmale
- 20–60 cm Höhe
- Je Stängel 1–3 goldgelbe Körbchen mit zahlreichen Zungenblüten, die meist etwas ungleichförmig und zersaust wirken.
- Blattrosette an der Stängelbasis, am behaarten Stängel selbst nur wenige Blätter

Schon gewusst? Bei Insektenstichen, Prellungen sowie bei rheumatischen Muskel- und Gelenkbeschwerden trägt eine Arnikaanwendung zur Linderung bei. Zu häufige Anwendung kann jedoch zu einer Allergie führen.

Fundstellen unterwegs Vereinzelt beim Aufstieg zur Schnittlauchwiese, massenhaft auf der Wiese oberhalb der Steinkaseralm

Arnikawiese beim Abstieg zur Steinkaseralm

Alpen-Aster auch windanfällige Standorte am Grat nicht verschmäht, werden wir später noch am Achensee kennen lernen (siehe Tour 35). Die Bittere Schafgarbe unterscheidet sich von anderen Schafgarben-Arten darin, dass die fiederspaltigen Blätter nicht grün, sondern weißgrau gefärbt sind.

Nach der umfassenden Gipfelschau steigen wir wieder bis zur Einsattelung über der Schnittlauchwiese ab und folgen dem Steig geradeaus zu einer kleinen Anhöhe, wo der Abstieg durch den Latschengürtel fortgesetzt wird. Etwas unterhalb beginnt das Arnika-Paradies: Die geschützte Pflanze, deren abstehende gelbe Zungenblätter der Blüte fast etwas Verspieltes verleihen, gedeiht hier in der Tat so üppig wie kaum an einem anderen Berg. Vor der Frommalm halten wir uns rechts (Ww. „Ackern"), dann mündet der Steig in den Fahrweg zur Steinkaseralm. An einem Felsen mit Wasserstelle entdecken wir Hallers Wucherblume, die gelbe Röhren- und weiße Zungenblüten aufweist.

Läusekraut den Wegesrand. Der Steig mündet in die weitläufige Schnittlauchwiese, dann folgt ein kurzes Steilstück bis zur Einsattlung am Fuß des Hinteren Sonnwendjochs. Hier halten wir uns rechts und erklimmen den Gipfel südseitig über die steile Gras- und Schuttflanke. In unmittelbarer Gipfelnähe blühen mit Kriechendem Gipskraut und Blaugrünem Steinbrech zwei typische Felsbewohner. Dass die seltene

Von der Steinkaseralm führt ein Fahrweg den Hang nach Osten querend zur Ackernalm. Erwähnenswert sind hier einige schöne Exemplare der Nesselblättrigne Glockenblume und des Sonnenröschens; an den Almen blühen Moschus-Malven. Nach der wohlverdienten Einkehr geht es auf der Teerstraße zum Parkplatz zurück (Ww. Landl).

Drei Farben Gletscher-Hahnenfuß

Zyniker bezeichnen den Zischgeles gerne als „kargen Schuttberg", den man dank seiner rassigen Hänge vorzugsweise als Skitour begeht. Tatsächlich wirkt der Berg von Praxmar wie ein grauer Koloss, der noch dazu etwas im Schatten benachbarter Stubaier Gipfelgrößen steht. Doch wer ein Auge für die faszinierende Hochgebirgsflora hat, wird diese Wanderung lange in grandioser Erinnerung behalten. Selbst am Gipfel offenbart der edle Gletscher-Hahnenfuß neben dem Alpen-Hornkraut und dem Rundblättrigen Enzian seine weiß-rosa-rote Blütenpracht! Allerdings sind die zu überwindenden Höhenmeter und die Strecke der Tour nicht zu unterschätzen.

Praxmar liegt bereits auf knapp 1900 Meter Höhe, weshalb wir von Anfang an über freies Gelände wandern. Als Anstieg empfehlen wir den gut markierten Wanderweg 32, der um den Oberstkogel herum direkt über den langen Ostgrat zum Zischgeles hochzieht. Nach einer kurzen Steilstufe erreichen wir die Schäfalm und gewinnen am von zahlreichen Alpenrosen umgebenen Almbach rasch an Höhe. Der gut angelegte Steig führt links aus dem Bergkessel heraus und nähert sich dem Oberstkogel von Nordosten. Ein Abstecher führt über die Gratschulter direkt zum Gipfel, während unser Weg an der steilen Südflanke quert.

Waren bislang eher die klassischen Bergwiesenblumen in der Überzahl, stoßen wir nun zunehmend auf typische Schutt- und Felspflanzen. Etwas unterhalb der Weggabelung blüht die seltene Berg-Hauswurz (siehe Tour 33; jedoch nur eine Fundstelle). Die Gletscher-Gämswurz, ein Ostalpen-Endemit, fällt mit ihrem einzeln am Stängel sitzenden gelben Blütenkörbchen auf (Stängel behaart). Doldenartig gelb blüht das graufilzige Krainer Greiskraut. Die goldgelben Blüten des Alpen-Mauerpfeffers heben sich kaum von den umgebenden fleischigen Blättern ab. Das weiß blühende Alpen-Hornkraut ist durchgängig weich behaart. Auch diverse Steinbrecharten und das Stängellose Leimkraut gedeihen in den geschützten Schutt- und Felsnischen prächtig. Hübsch anzusehen sind zwei Läusekraut-Raritäten: das gelbe Knollige und das rote Kerner-Läusekraut.

Nach einer kurzen Steilstufe erreichen wir den im Bereich der Einsattelung einladend breiten Grat. Vor uns breitet sich eine Trümmerwüste aus

---

Gletscher-Hahnenfuß

Familie	Hahnenfußgewächse
Blütezeit	Juli bis August

Lebensraum Schutt, Geröll und nackter Fels in den Zentralalpen

Wichtige Merkmale
- 5–20 cm Höhe
- Auffallend weiße Blüten, die sich vor dem Verwelken meist in rosarote Farbtöne verwandeln; Kelchblätter rostbraun und behaart
- Die fleischigen Grundblätter sind bis zum Grund dreilappig geteilt

Schon gewusst? Im Gegensatz zu den anderen Hahnenfuß-Arten fallen Krone und Kelch beim Verblühen nicht ab und bleiben somit bis zur Fruchtreife erhalten.

Fundstellen unterwegs Ostgrat und Gipfel des Zischgeles

Der Fels liebende Gletscher-Hahnenfuß beim Schlussanstieg – die „Schlüsselstelle" wirkt abschüssiger als sie ist! – und am Gipfel des Zischgeles

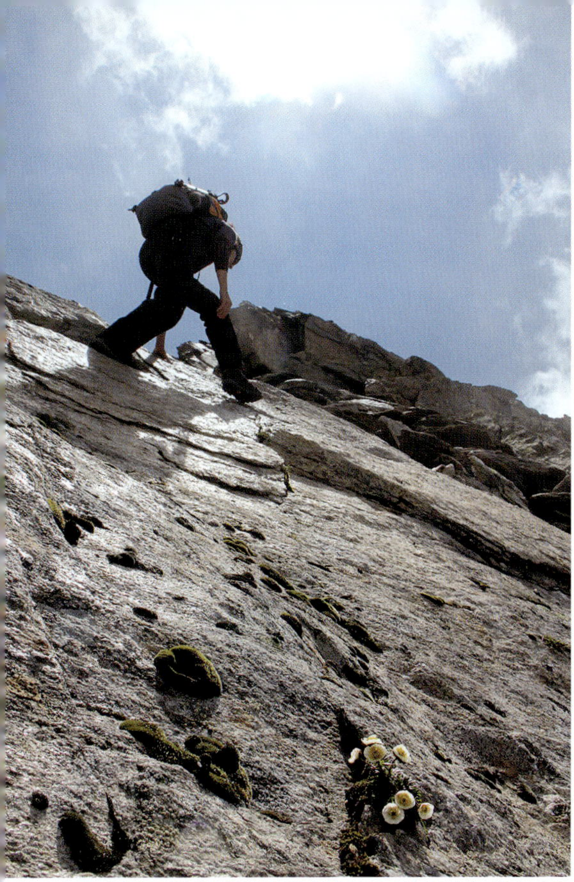

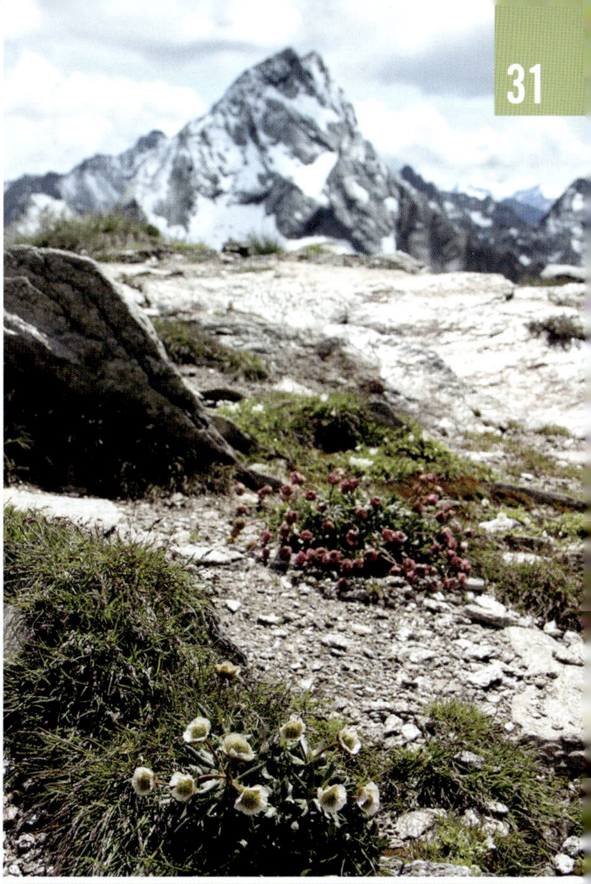

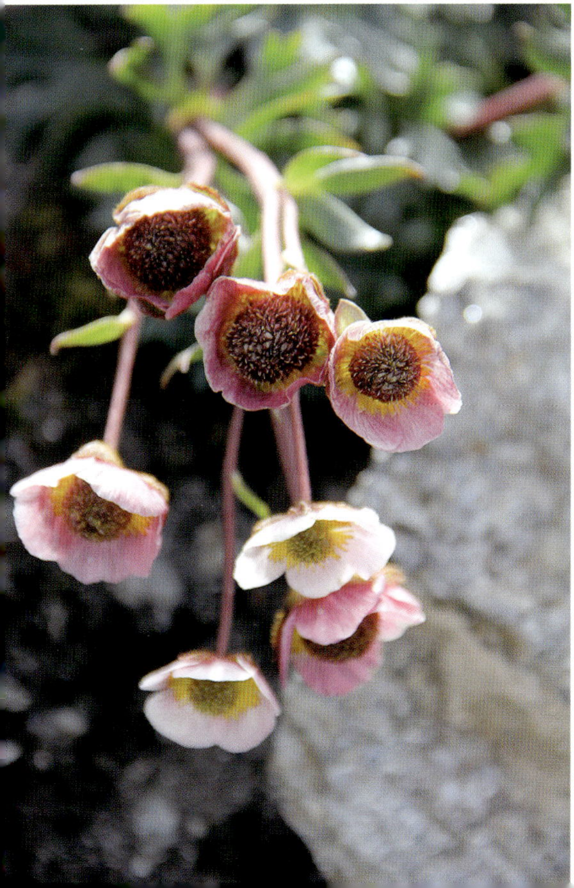

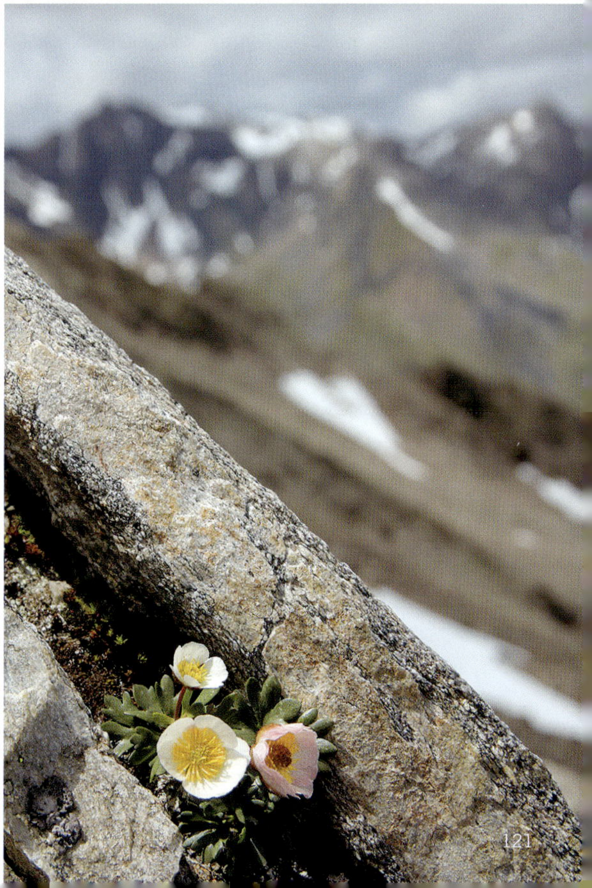

Kleines Hochplateau beim Anstieg auf etwa 2850 Meter Höhe: Enzian und Alpenmargerite, auch Alpenwucherblume genannt, wuchern um die Wette ...

Gneis und Glimmerschiefer aus. Je höher der Verwitterungsgrad des Gesteins fortgeschritten ist, desto leichter ergreift die Vegetation Besitz davon. Typische Polsterpflanzen wie der Moos-Steinbrech finden dem hochalpinen Klima zum Trotz ihren idealen Lebensraum vor. Auf den relativ ebenen Wiesenmatten blüht die Alpenmargerite mit dem Rundblättrigen Enzian um die Wette.

Der Ostgrat steilt in Richtung Gipfelkreuz immer mehr auf. Wir queren unterhalb einer gewaltigen, schrägen Wandplatte, kurz vor Erreichen des Gipfels hilft eine Eisenkette über eine kleine Kletterstelle hinweg. Unterwegs passieren wir einige Zwerg- und Klebrige Primeln (siehe Tour 27), die den Gipfelgrat etwas früher im Jahr massenhaft mit ihren lila Blüten überziehen. Großartig ist der Anblick des Gletscher-Hahnenfußes, der aus den exponiertesten Felsspalten zu majestätischer Blüte erwacht. Am Gipfel dann der herrliche Blick auf die benachbarten Brunnenkogel und Lüsenser Fernerkogel nebst weiterer Stubaier Bergprominenz.

Der Abstieg erfolgt mit herrlichem Tiefblick auf einen türkisfarbenen Bergsee über leichtes Blockwerk am Nordgrat, den man nach gut einer Viertelstunde rechts in Richtung des breiten Schuttkars verlässt. Im grünen Hochplateau wandern wir entlang des Bachs zum Sattelloch und rechts eine weitere Steilstufe (Blaugrüner Steinbrech!) in das sogenannte Kamploch hinab. Unterhalb der Felsen blühen Kohlröschen, Alpen-Aster und Alpen-Waldrebe. Dann erreichen wir über schöne Blumenwiesen (Arnika!) die Weiden der Moarleralm. Am Almweg zweigen wir erst links, dann rechts ab und folgen den Markierungen zurück nach Praxmar.

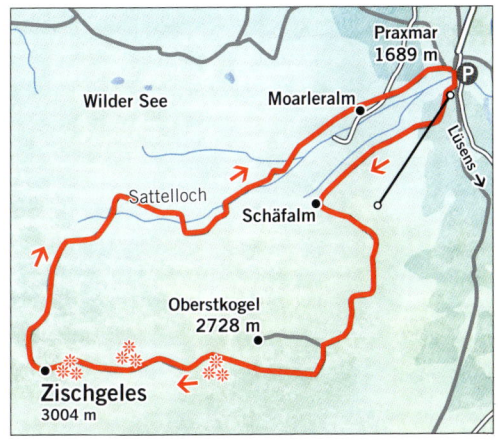

Schwierigkeit	▲▲▲
Gehzeit	6 Std.
Höhenmeter	1280
Recherche	16. Juli

Route Praxmar → Schäfalm → Zischgeles → Sattelloch → Moarleralm → Praxmar

Anfahrt

Auto A 95 und B 2 über Garmisch, Mittenwald und Zirler Berg ins Inntal und über Sellrain nach Gries, im Ort links in das Lüsenstal und an der folgenden Straßengabelung rechts nach Praxmar hinauf, großer Parkplatz am Ortsende

Navigation N 47.149055°, E 11.133227°

Charakter Aussichtsreiche Gipfelüberschreitung an einem relativ leichten Dreitausender. Die Steige sind durchwegs gut markiert und leicht zu finden. Im Gipfelbereich leichte Kletterstellen, hier sind Trittsicherheit und Schwindelfreiheit erforderlich. Sonneneinstrahlung beachten (kaum Schatten).

Wegweiser Im Anstieg Richtung Oberstkogel, Zischgeles

Karte Kompass-Wanderkarte Nr. 83, Stubaier Alpen, 1:50.000

Blumen am Weg Echter Augentrost, Bärtige Glockenblume, Halbkugelige Teufelskralle, Katzenpfötchen, Arznei-Thymian, Weiße Höswurz, Wiesenwachtelweizen, Fetthennen-, Moschus-, Moos- und Blaugrüner Steinbrech, Taubenkropf-Leimkraut, Echte Arnika, Zwerg- und Frühlings-Miere, Schlangenknöterich, Bitteres Schaumkraut, Gewöhnliche Kreuzblume, Lichtnelke, Zottiges Habichtskraut, Alpen-Goldrute, Rostblättrige Alpenrose, Alpen-Kratzdistel, Frauenmantel, Rundblättriges Wintergrün, Scheuchzers Glockenblume, Berg-Nelkenwurz, Gletscher-Gämswurz, Gold-Fingerkraut, Krainer Greiskraut, Moschus-Schafgarbe, Knolliges und Kerner-Läusekraut, Alpen-Hornkraut, Knöllchen-Knöterich, Kohlröschen, Stängelloses Leimkraut, Berg-Hauswurz, Alpen-Leinkraut, Alpen-Ehrenpreis, Dunkler und Alpen-Mauerpfeffer, Alpen-Labkraut, Alpenmargerite, Rundblättriger Enzian, Klebrige Primel, Zwergprimel, Zwerg-Alpenglöckchen, Alpen-Aster, Alpenrebe, Stängelloser Kalk-Enzian, Gold-Pippau, Kleines Habichtskraut

Moos-Steinbrech

Familie	Steinbrechgewächse
Blütezeit	Juli bis August

Lebensraum Feuchte, steinige und kalkarme Böden oder Felsnischen in den Zentralalpen

Wichtigste Merkmale
- 3–12 cm Höhe
- Weißgelbe Blüte mit 5 Kronblättern, um den Schlund auffällige gelborange Punktierung, Knospen nickend
- Die Laubblätter bilden auffällige Rosettenpolster.

Schon gewusst? Die in Bayern streng geschützte Pflanze kann in den Zentralalpen in einer Höhe von über 4000 Metern vorkommen. Beim ähnlichen Moschus-Steinbrech (Stängel beblättert) mischen sich rote Farbtöne in die Blüte, die Punktierung fehlt.

Fundstellen unterwegs Südostflanke Oberstkogel, Ostgrat Zischgeles

Auf König Ludwigs Spuren

Bayern-König Ludwig II. hatte ein Faible für außergewöhnliche Landschaften, weshalb der 1869 bis 1872 vollzogene Bau des Königshauses auf dem Schachen nur konsequent war. Das Holz für das im Schweizer Chaletstil errichtete Objekt lieferte der nahe Zirbenwald. Ob der romantisch veranlagte König auch ein Auge für die außergewöhnliche Alpinflora hatte, ist zwar nicht überliefert. Aber die vom Botanischen Garten München im Jahr 1901 erfolgte Gründung des benachbarten Alpengartens belegt, dass die Wertsschätzung seltener Pflanzen auch vor über 100 Jahren bereits gegeben war.

Während der König die knapp zehn Kilometer lange Strecke von Elmau zum Schachen einst auf seinem Lieblingspferd Ralf, per Kutsche oder bei Schnee auf Schlittenkufen zurücklegte, wartet auf uns ein relativ langer Fußmarsch. Vom Wanderparkplatz nahe Schloss Elmau geht es auf dem Fahrweg in wenigen Minuten in das enge Tal des Elmauer Bachs. Beidseitig plätschern Seitenbäche und Rinnsale an den steilen Schutt- und Felshängen hinab, was der extrem seltene Kies-Steinbrech zu schätzen weiß. Das Steinbrechgewächs ist dank seiner

Großblütige Gämswurz

Familie	Korbblütengewächse
Blütezeit	Juli bis August

Lebensraum Lange von Schnee bedeckte Schotter-flächen, Felsen und Kare

Wichtigste Merkmale
- 10–50 cm Höhe
- Bis zu 6 cm breite, meist einköpfige gelbe Blüten mit zahlreichen Zungenblättern
- Obere Stängelblätter deutlich stängelumfassend und gezähnt, Blattrand mit Drüsenhaaren, Stängel behaart, Grundblätter eiförmig

Schon gewusst? Bei der ähnlichen Zottigen Gäms-wurz sind die unteren Blätter lanzettlich, zudem sämtlich nicht stängelumfassend; auffallend auch die weiße Filzbehaarung

Fundstellen unterwegs Schotterfeld zwischen Schachentor und Schachenhaus

„Star" des Botanischen Alpengartens ist der aus Nepal stammende Blaue Scheinmohn, doch auch die Krainer Lilie entzückt den Betrachter. Die Großblütige Gämswurz blüht in freier Wildbahn.

auffälligen orangefarbenen Blüte, der Blatt-rosette, der stattlichen Höhe und der zahlreichen Stängelverzweigungen nicht zu übersehen. Außer-dem scheinen sich in dem kühlen Tälchen gleich drei Stendelwurz-Arten wohl zu fühlen!

Nach Durchdringen des Waldgürtels erreichen wir die Wettersteinalm (den zuvor abzweigenden Schachenweg nehmen wir im Abstieg). Hinter der Alm überwinden wir eine kleine Steilstufe und durchwandern ein schönes Hochtal mit Blick auf die imposanten Wettersteinwände. Anschließend geht es über steile Grasmatten zum Schachentor empor. Neben einer Vielzahl von Orchideen (Kugelorchis, Mücken-Händelwurz,

Kohlröschen!) blühen hier auch das Zottige Habichtskraut, das Alpen-Leinkraut, das Alpen-Labkraut und die Alpen-Goldrute. Direkt am Joch empfangen uns eine stattliche Türkenbund-Lilie und einige Trollblumen. Welch großartiger Blick von hier über das Schachenhaus zur Alpspitze!

Nach leichtem Abstieg quert der Steig über weite Schutthalden – die Großblütige Gämswurz und das Alpen-Vergissmeinnicht sorgen für Farb-

Schwierigkeit	▲▲
Gehzeit	6 Std.
Höhenmeter	1000
Recherche	18. Juli

Route Elmau → Wettersteinalm → Schachentor → Schachen → Elmau

Anfahrt

Auto A 95 und B 2 über Garmisch nach Klais, im Ort Abzweig Mautstraße über Elmau zum Wanderparkplatz

Navigation N 47.459027, E 11.177602°

Charakter Lange, aber einfache Wanderung auf mäßig steilen Wald- und Wiesenwegen. Bis zur Wettersteinalm breiter Wanderweg, oberhalb vor allem auf dem Schachentor-Steig zunehmend freies Gelände mit großartigen Ausblicken!

Wegweiser Der Schachen ist dank bester Beschilderung nicht zu verfehlen.

Einkehr
• Wettersteinalm, Tel. +49-172-264 78 06
• Schachenhaus, Tel. +49-172-876 88 68, Übernachtung möglich, www.schachenhaus.de

Karte Kompass Wanderkarte Nr. 07, Werdenfelser Land mit Zugspitze, 1:35.000

Blumen am Weg Gewöhnlicher Teufelsabbiss, Geflecktes und Breitblättriges Knabenkraut, Wiesen-Flockenblume, Breitblättrige, Rotbraune und Sumpf-Stendelwurz, Kies-Steinbrech, Taubenkropf-Leimkraut, Mücken-Händelwurz, Vierzähniger Strahlensame, Türkenbund-Lilie, Wolfs-Eisenhut, Sumpf-Herzblatt, Zwerg-Glockenblume, Alpen-Greiskraut, Hornklee, Simsenlilie, Alpen-Milchlattich, Rote Lichtnelke, Ährige und Kugelige Teufelskralle, Wald-Geißbart, Alpen-Steinquendel, Arznei-Thymian, Katzenpfötchen, Herzblättrige Kugelblume, Wald-Alpenrebe, Zottiges und Orangerotes Habichtskraut, Bewimperte Alpenrose, Alpen-Leinkraut, Alpen-Labkraut, Alpen-Goldrute, Schwarzes Kohlröschen, Kugelorchis, Trollblume, Großblütige Gämswurz, Alpen-Vergissmeinnicht, Zweiblütiges Veilchen, Mehlprimel, Geschnäbeltes Läusekraut, Felsen-Baldrian, Bewimpertes Mannsschild, Gold-Fingerkraut, Stängelloser Kalk-Enzian, Weicher Frauenmantel, Gelber Enzian, Scheuchzers Glockenblume, Alpen-Fettkraut, Bayerischer Enzian, Stachelige Kratzdistel, Grauer Alpendost, Schafgarbe, Waldhyazinthe, Bachnelkenwurz, Wundklee, Fetthennen-Steinbrech, Gold-Pippau, Gewöhnliche Kreuzblume, Moosauge, Dunkle Akelei, Sterndolde, Großes Zweiblatt

tupfer im Einheits-Schotter-Grau! Vor Erreichen der Geländesenke – wo unser Steig auf den Königsweg trifft – kommen geschützte Alpenbewohner wie das Geschnäbelte Läusekraut, der Felsen-Baldrian (weiße Blüten in Trugdolde; kerbzähnige Grundblätter) und der Bewimperte

Mannsschild (gelber Schlund in weißer Blüte auf lockerrasigem Untergrund) hinzu!

Nun fehlen nur noch wenige Kehren bis zum Botanischen Alpengarten, der täglich von 8 bis 17 Uhr geöffnet hat und zwei Euro Eintritt kostet (Vorab-Kontakt: Tel. +49-89-17861-310). Hoch über dem Reintal gedeihen von heimischen Alpenblumen (z.B. Strauß-Glockenblume, siehe Tour 22) über seltene Osteuropa-Gewächse und afrikanische Bergblumen bis zu Raritäten aus dem Himalaya in den Sommermonaten rund 800 verschiedene Hochgebirgs-Pflanzenarten. Der Streifzug durch die gepflegte Anlage lohnt sich nicht nur zur Blüte des attraktiven Blauen Scheinmohns (Nepal) und der orangefarbenen Krainer Lilie (Südosteuropa) im Juli!

Auch das nahe Königshaus ist mit seinem prachtvollen Türkischen Saal einen Besuch wert (Führungen je nach Andrang meist stündlich, Eintritt 4,50 EUR), bevor das Schachenhaus in den ehemaligen Dienstgebäuden zur Einkehr lädt. Dutzende von Gelben Enzianen (siehe Tour 29) sprießen am kleinen Gipfelhang, auch das Orangerote Habichtskraut und der Weiche Frauenmantel sind in nahen Hüttenumgebung nicht zu übersehen.

Der Abstieg verläuft in Begleitung einiger Mountainbiker auf dem alten Schachenweg, wobei man in Nähe der Wettersteinalm auf die Aufstiegsroute trifft. Vor dem finalen Abstieg quert der Weg mit herrlichem Blick auf das Loisachtal den licht bewaldeten Hang. Mit etwas Glück erspähen wir den Tannenhäher (dunkelbrauner Rumpf mit weißen Flecken), der eifrig die Samen von den Zirben sammelt. An einer schattigen Stelle entdecken wir das seltene Moosauge, auch Einblütiges Wintergrün genannt: Auffallend der aus der nickenden weißen Blüte hervorstehende Griffel und die gebogenen Staubblätter. Doch auch sonst ist die alpine Blütentafel reich gedeckt!

Kies-Steinbrech

Familie Steinbrechgewächse
Blütezeit Juni bis Juli

Lebensraum Feuchte, kalkhaltige, überrieselte Schutthänge an Pionierstandorten

Wichtigste Merkmale
- 15–50 cm Höhe
- Großzügig verzweigte lockere Rispen; 5 gelbe bis tieforange, spitz zulaufende Kronblätter je Blüte, im Zentrum dunkelrot, grüne Kelchblätter etwas breiter, aber nur halb so lang
- Zungenförmige Grundblätter in relativ großen Rosetten, Stiel und Stängelblätter mit starker drüsiger Behaarung

Schon gewusst? Zwar wachsen die Blattrosetten kontinuierlich an, doch sie bauen während der Blüte sämtliche Reservestoffe ab; die Pflanze stirbt folglich ab und muss sich aus ihren Samen neu entwickeln.

Fundstellen unterwegs Kieshänge in der Elmauer Bachschlucht

Grandiose Gletscher-Galerie

Der Berliner Höhenweg umfasst acht Etappen und führt von Hütte zu Hütte durch die faszinierenden Zillertaler Alpen. Bereits das erste Teilstück ist mit Blickrichtung Gletscherwelt ein grandioses Landschafts- und Blumen-Paradies! Um die gesamte Etappe – reine Gehzeit: sieben bis neun Stunden! – bewältigen zu können, wird man jedoch sowohl auf der Gamshütte als auch auf dem Friesenberghaus übernachten müssen. Auf diese Weise kann man am Folgetag auch noch den Hohen Riffler besteigen (siehe Tour 34). Falls Wetter, Zeit oder Kondition nicht mitspielen, gibt es unterwegs fünf Abstiegsmöglichkeiten in den Zemmgrund, wo regelmäßig Busse in Richtung Mayrhofen verkehren.

Der Hermann-Hecht-Weg zur Gamshütte (1921 m) beginnt nahe des Finkenberger Sportplatzes an der Straße Richtung Brunnhaus. Er führt anfangs in zahlreichen Serpentinen durch den Wald zu Gamsberg und Kraxentrager. Von einem markanten Aussichtspunkt genießen wir nicht nur den Tiefblick in den Zemmgrund, sondern entdecken im Steilhang auch einige Spinnweben-Hauswurze. Ansonsten beglücken uns unter anderem der Klebrige Salbei, das Schmalblättrige Weidenröschen und das Kriechende Gipskraut. Nach einer „Märchenwald-Passage" erreichen wir die freien Almwiesen an der Gamshütte (Albino-Exemplare der Bärtigen Glockenblume), wo wir für die Übernachtung vorbestellt haben sollten.

Am Folgetag ist ob der langen Wegstrecke früher Aufbruch anzuraten. Nach einer kurzen Steilstufe zweigt der Zillertaler Höhenweg südwärts ab. Der anfangs enge Pfad quert die steilen Grasflanken des Vorderen Grinbergs, bei Feuchtigkeit ist hier Vorsicht geboten! Erstmals erblicken wir stolze Exemplare des Einköpfigen Ferkelkrauts, außerdem Geflecktes Knabenkraut, Mücken-Händelwurz, Fetthennen-Steinbrech und später auch den schönen Stern-Steinbrech (siehe Tour 26). Vom Kareck geht es in weitem Bogen durch das weitläufige Schrahnbachkar mit stattlicher Arnikablüte; andere Wiesenabschnitte sind mit Hunderten von Knaben- und Habichtskräutern übersät. Nach Passieren der Jagdhütte folgt ein kurzer Anstieg zur Grauen Platte (2177 m) mit herrlichem Blick in den Zemmgrund. Wie der Name vermuten lässt, ist die Bodenbeschaffenheit hier felsiger, was neben der Schwarzrandigen Schafgarbe und dem Dunklen Mauerpfeffer (siehe Tour 23) auch der Berg-Hauswurz zu schätzen weiß!

Berg-Hauswurz

Familie	Dickblattgewächse
Blütezeit	Juli bis August

Lebensraum Auf Steinboden und Schutt sowie in Felsnischen bis 3000 m

Wichtigste Merkmale
- 5–20 cm Höhe
- 2–8 Blüten mit 12–16 rotvioletten, mittig mit dunklerem Streifen versehenen Kronblättern je Blütenstand
- Stängel mit dichter Drüsenbehaarung, Rosettenpolster mit kugeliger Ausbreitung an der Basis, fleischige Blätter an der Spitze rotbraun gefärbt

Schon gewusst? Der Hauswurz kann in speziellen Gewebezellen der fleischigen Blätter – die einen harzartigen Geruch haben – Wasser speichern und ist damit ein klassischer Sukkulent. Der ähnliche Spinnweben-Hauswurz unterscheidet sich durch die spinnwebigen Haare an der Blattrosette.

Fundstellen unterwegs An der Grauen Platte und am Hoher-Riffler-Gratansatz

Blick auf den Zillertaler Hauptkamm am Ausläufer des Riffler-Ostgrates. Auch hier blüht der Berg-Hauswurz noch vereinzelt.

Schwierigkeit	▲▲▲
Gehzeit	3 Std. (Gamshütte) + 7–9 Std. (Höhenweg)
Höhenmeter	1000 (Gamshütte) + 1350 (Höhenweg)
Recherche	22./23. Juli

Route Finkenberg → Gamshütte → Berliner Höhenweg → Friesenberghaus

Anfahrt

ÖVM Mit dem Zug nach Jenbach, Zillertalbahn nach Mayrhofen, mit dem Bus Richtung Hintertux bis Finkenberg-Teufelsbrücke und ca. 20 Min. zum Parkplatz am Sportplatz

Auto Inntalautobahn Ausfahrt Zillertal, B 169 nach Mayrhofen, L 6 nach Finkenberg (Richtung Hintertux), im Ort vor der S-Kurve links hinab, nach der Teufelsbrücke rechts Richtung Brunnhaus zum Parkplatz am Sportplatz

Navigation N 47.147495°, E 11.814766°

Charakter Aufstieg zur Gamshütte auf dem gut markierten Hermann-Hecht-Weg. Der Zillertaler Höhenweg ist zwar technisch leicht (Vorsicht bei Nässe an der steilen Grasflanke zu Beginn; später leichte Kletterpassagen im Blockwerk), erfordert aber aufgrund seiner Länge eine sehr gute Kondition! Ohne doppelte Hüttenübernachtung nicht machbar, alternativ Abstiegsvarianten entlang der Strecke!

Wegweiser Gamshütte und Zillertaler Höhenweg (Friesenberghaus) sind gut beschildert.

Einkehr/Übernachtung
• Gamshütte, Tel. +43-676-3437741, www.gamshuette.at
• Pitzenalm (Getränke und Brotzeit)
• Friesenberghaus, www.friesenberghaus.at

Karte Kompass-Wanderkarte Nr. 37, Zillertaler Alpen, 1:50.000

Blumen am Weg Klebriger Salbei, Geflecktes Knabenkraut, Schmalblättriges Weidenröschen, Spinnweben-Hauswurz, Weiße Taubnessel, Alpen-Milchlattich, Rote Lichtnelke, Hallers Teufelskralle, Taubenkropf-Leimkraut, Bärtige und Knäuel-Glockenblume, Wald-Geißbart, Moschus-Schafgarbe, Echte Arnika, Kriechendes Gipskraut, Alpen-Goldrute, Weiße Höswurz, Grauer Alpendost, Zottiges Habichtskraut, Gewöhnlicher Frauenmantel, Hornklee, Grauer Alpen-Dost, Türkenbund-Lilie, Einköpfiges Ferkelkraut, Grannen-Klappertopf, Alpen-Hornkraut, Alpenhelm, Rostblättrige Alpenrose, Simsenlilie, Scheuchzers Glockenblume, Mücken-Händelwurz, Alpen-Süßklee,

Fetthennen-Steinbrech, Augentrost, Wolfs-Eisenhut, Blaugrüner Steinbrech, Sumpf-Herzblatt, Wiesenwachtelweizen, Stern-Steinbrech, Beblättertes und Knolliges Läusekraut, Stachelige Kratzdistel, Berg-Nelkenwurz, Bitteres Schaumkraut, Alpen-Vergissmeinnicht, Dunkler Mauerpfeffer, Berg-Hauswurz, Schwarzrandige Schafgarbe, Arznei-Thymian, Kugelorchis, Alpen-Aster, Schwarzes Kohlröschen, Tüpfel-Enzian, Akeleiblättrige Wiesenraute, Wollgras, Orangerotes Habichtskraut, Gold-Pippau, Ährige Teufelskralle, Bunter Hohlzahn, Gewöhnlicher Fransenenzian, Zottige Gämswurz, Knöllchenknöterich, Alpen-Leinkraut

Der Tüpfel-Enzian öffnet seine Blüten nur spärlich. Im Hintergrund der Schlegeis-Stausee und der 3510 Meter hohe Hochfeiler.

Lanersbach

Finkenberg

Tour 33
Tag 1

H.-Hecht-Weg

Gamshütte
1921 m

Berliner Höhenweg

Tour 33
Tag 2

Kareck

Mittlere Grinberg Spitze
2867 m

Schrahnbachkar

Nestspitze
2966 m

Nestkar

Graue Platte

Roßkopf
2971 m

Berliner Höhenweg

Dornauberg

Feldalpe

Ginzling

Realspitze
3039 m

Hauser Kar

Eissee

Pitzenalm
1871 m

Grierererkar Spitze
2952 m

Birgberg Kar

Berliner Höhenweg

Roßhag

Hoher Riffler
3231 m

Kesselalm

Kleiner Riffler
2837 m

Riffler
See

Tour 34
(Tag 3)

Wesendlkarsee

Breitlahner
1257 m

Petersköpfl
2679 m

riesenberg
See

riesenberg
Hütte
2477 m

Berliner Höhenweg

Zwiselkopf
2584 m

ikus Hütte
1805 m

Anschließend geht es durch lichten Latschenbewuchs und über Weiden zur Feldalpe (1865 m; tiefster Punkt der Tour) hinab. Die halbstündige Querung zur Pitzenalm, die im Hochsommer Getränke und einfaches Essen anbietet, ist ein reiner Genussabschnitt. Jenseits des Pitzenbachs folgen ein steiler Anstieg zum Milchtrager (2030 m) und der anschließende Abstieg zur Kesselalm. Herrlich hier der Blick über einen spektakulären Wasserfall hinaus in die Ostflanke des Hohen Rifflers (siehe Tour 34)! Kurze Trinkpause am Kesselbach, dann Kräfte mobilisieren für den Blockwerk-Anstieg zum Ausläufer des Riffler-Ostgrates. Fantastischer Blick auf den Zillertaler Hauptkamm mit Horn-Spitze, Turnerkamp und Großem Mösler, im Talgrund ist der Schlegeis-Stausee zu sehen.

Wenn diese herrliche Bergkulisse kein Ansporn für den Endspurt ist! Nochmals geht es in Abschnitten steil durch die Rifflerrinnen (Zottige Gämswurz, weitere Berg-Hauswurze) empor, bevor wir leicht absteigend über Blockwerk am idyllischen Wesendlekarsee vorbei zur Wesendlekarschneide hochwandern. Nun müssen wir nur noch den Ausläufer des Petersköpfls umrunden und mit großartigem Rückblick auf den Schwarzenstein (Tüpfel-Enzian!) das bereits sichtbare Friesenberghaus (2498 m) anvisieren.

Einköpfiges Ferkelkraut

Familie Korbblütengewächse
Blütezeit Juli bis August

Lebensraum Kalkarme, lehmhaltige Alpenwiesen und -weiden, Zwergstrauchheiden

Wichtigste Merkmale
- 15–50 cm Höhe
- Goldgelbe, bis 7 cm breite Zungenblüten mit Spreublättern, Hüllblätter dicht schwarz behaart
- Kaum beblätterter, rauhaariger Stängel unter dem Blütenkörbchen keulig verdickt, Grundblätter lanzettlich bis schmal eiförmig

Schon gewusst? Das Gewöhnliche Ferkelkraut ist eher in tieferen Gefilden heimisch, auch verzweigen sich die blaugrünen Stängel.

Fundstellen unterwegs Zerstreut zwischen Gams-hütte und Wesendlekarsee

An der Pitzenalm kommen einem mehr Ziegen als Wanderer entgegen.

Am blockigen Rifflergrat ist Balancegefühl gefragt.

Ein stolzer Dreitausender

Wer am Vortag bereits die Mammut-Etappe von der Gamshütte zum Friesenberghaus bewältigt hat (siehe Tour 33), ist für die Besteigung des Hohen Rifflers bestens gerüstet. Andernfalls empfiehlt es sich, bereits am Vortag vom Schlegeis Stausee auf bequemem Steig zur Hütte aufzusteigen und dort zu übernachten, da der Höhenunterschied von rund 1500 Metern ohne Akklimatisierung an einem Tag kaum zu schaffen ist. Blumenfreunde könnten zwar auf die letzten 200 Höhenmeter zum Gipfel getrost verzichten, da zwischen dem teils mannshohen Blockgestein kaum eine Blüte mehr hervorsprießt, aber die überragende Aussicht von diesem stolzen Dreitausender sollte man sich nicht entgehen lassen.

Der Anstieg zum Gipfel beginnt hinter dem Friesenberghaus (Ww. Hoher Riffler, Petersköpfl). Rasch taucht der schöne Friesenbergsee fotogen unter uns auf. Nach einer gewöhnlich kühlen Nacht liegen manche Blumen im Bergschatten wie die Teufelskralle oder Glockenblume noch im Dämmerzustand, andere wie das Alpen-Hornkraut, die Berg-Nelkenwurz oder die Alpenmargerite haben ihre Blütenköpfe bereits weit geöffnet. Die flache Einsattelung ist von zahlreichen Steinmandl und Obelisken umgeben, beim Abstecher zum nahen Petersköpfl (ca. 15 Min.) intensivieren sich die steinernen Kunstwerke noch.

Nach dem leichten Vorspiel steilt der Berg mächtig auf. Anfangs geht es nach einer Geröllfeldquerung noch über Wiesen (zahlreiche Stachelige Kratzdisteln, hübsche Berg-Nelkenwurz-Kolonien) empor, dann ist immer mehr Blockwerk zu überwinden. Je weiter wir nach

Alpen-Mannsschild

Familie Primelgewächse
Blütezeit Juni bis August

Lebensraum Hochalpine Schuttfluren und Felsen, die lange schneebedeckt sind.

Wichtigste Merkmale
- 2–5 cm Höhe
- Weiße oder rosafarbene Blüten mit 5 Kronblättern und gelbem Schlundring
- Die Blattrosetten bilden flache Polster, die mit weißen Sternhaaren überzogen sind.

Schon gewusst? Die Blattpolster des sehr ähnlichen Schweizer Mannsschilds sind graugrün gefärbt, nur mit einfachen weißen Haaren überzogen und durch eine Pfahlwurzel im Kalkfels verankert.

Fundstellen unterwegs In den Steilhängen oberhalb des Petersköpfl-Sattels (ca. 2800 m)

Zwerg-Enzian

Familie Enziangewächse
Blütezeit Juli bis September

Lebensraum Feuchte und kalkarme Steinböden bis 2800 m

Wichtigste Merkmale
- 2–6 cm Höhe
- 5 leicht abgerundete blauviolette Kronblätter, im Schlund bärtig
- Stängel an der Basis verzweigt

Schon gewusst? Der ähnliche Zarte Enzian hat nur 4 Kronblätter, Blüte weniger glockig

Fundstellen unterwegs In den Steilhängen oberhalb des Petersköpfl-Sattels (ca. 2800 m)

oben steigen, desto karger wird die Pflanzendecke. Nur noch wenige Blumen nehmen hier auf letzten Moosen und Graspolstern zwischen immer größeren Felsbrocken den Überlebenskampf gegen die raue Witterung auf: der Moos-Steinbrech (siehe Tour 31), der Moschus-Steinbrech (grüne Kelchblätter zwischen weißen Kronblättern deutlich sichtbar), der schneeweiße Alpen-Mannsschild, das Stängellose Leimkraut (rosa Blütenmeer), die Alpen-Frühlings-Miere (weiße Blüten mit purpurfarbenen Staubfäden;

dichte nadelähnliche Blattpolster), der Berg-Hauswurz (wenngleich Ende Juli nur die fleischigen Blattrosetten zu sehen waren; u.U. blüht er in dieser Höhe erst im August!) und der Zwerg-Enzian! Letzterer wächst wahrhaftig im Miniaturformat und kommt nur selten in den östlichen Zentralalpen vor.

Auf rund 3050 Meter Höhe erreichen wir einen deutlichen Geländeabsatz mit wunderschönen Gletscher-Hahnenfuß-Blüten! Weitere Blüten werden jetzt bis zum Gipfel nicht mehr folgen. Ein mäßig steiles Schneefeld führt uns an den steilen Gipfelaufbau heran. Etwaige Wanderstöcke sind beim finalen Anstieg nur ein

Hindernis, da wir in der leichten Blockgestein-Kraxelei – ein gigantischer „Trümmerhaufen" türmt sich vor uns auf! – die Hände nun öfters gebrauchen werden. Die roten Punkte markieren nicht immer den elegantesten Durchstieg, Vorsicht vor tückischen „Wackelsteinen". Der Grat verengt sich teilweise, bevor wir das Gipfelschneefeld und kurz darauf das mit Gebetsfahnen geschmückte Kreuz erreichen.

Der Abstieg zum Friesenberghaus erfolgt auf der Aufstiegsroute. Dann geht es auf bequemem Steig in vielen Kehren mit Wasserfallblick in das wunderschöne Lapenkar (Knolliges Läusekraut!). Nach dessen Querung entdecken wir an einem Tümpel Wollgras, den Stern-Steinbrech, Tüpfel-Johanniskraut und einen letzten Berg-Hauswurz, bevor der Abstieg durch schönen Zirbenwald – zuletzt an einem gewaltigen Wasserfall vorbei! – zur Dominikushütte erfolgt. Wer am nur fünf Minuten entfernten Schlegeis Stausee auf den Bus Richtung Mayrhofen angewiesen ist, kann auf der Hüttenterrasse bequem die stündliche Abfahrtszeit abpassen.

Schwierigkeit	▲ ▲ ▲
Gehzeit	2 ½ Std. (Friesenberghaus) + 5 ½ Std.
Höhenmeter	750 (Friesenberghaus) + 750
Recherche	24. Juli

Route (Schlegeis Stausee) → Friesenberghaus → Hoher Riffler → Friesenberghaus → Schlegeis Stausee

Anfahrt

ÖVM Mit dem Zug nach Jenbach, Zillertalbahn nach Mayrhofen, stündliche Busverbindung zum Schlegeis Stausee

Auto Inntalautobahn Ausfahrt Zillertal, B 169 nach Mayrhofen, B 169 zum Schlegeis Stausee

Navigation N 47.038983°, E 11.702456°

Charakter Aufstieg zum Friesenberghaus auf genussvollem Bergsteig durch das Lapenkar. Der Hohe Riffler erfordert im oberen Abschnitt Trittsicherheit und Schwindelfreiheit, hier leichte Blockgestein-Kletterei!

Wegweiser Bis zur Petersköpfl-Scharte eindeutige Wegführung, dann trotz roter Markierungspunkte etwas Orientierungssinn im Blockgestein vonnöten!

Einkehr/Übernachtung
- Dominikushütte, Tel. +43 - 664 - 73 29 69 39, www.dominikushuette.at (Stausee)
- Friesenberghaus, www.friesenberghaus.at

Karte Kompass-Wanderkarte Nr. 37, Zillertaler Alpen, 1:50.000

Blumen am Weg Alpen-Milchlattich, Tüpfel-Johanniskraut, Berg-Hauswurz, Stern-Steinbrech, Wollgras, Orangerotes und Zottiges Habichtskraut, Knollen-Läusekraut, Scheuchzers Glockenblume, Alpen-Hornkraut, Gletscher-Gämswurz, Halbkugelige Teufelskralle, Echter Augentrost, Alpen-Goldrute, Alpenmargerite, Stachelige Kratzdistel, Stängelloses Leimkraut, Zwerg-Enzian, Alpen-Mannsschild, Klebrige Primel, Gewöhnlicher Fransen-Enzian, Berg-Nelkenwurz, Gletscher-Hahnenfuß, Moos- und Moschus-Steinbrech, Alpen-Ehrenpreis, Dunkler Mauerpfeffer, Kurzblättriger Enzian, Frühlings-Miere

Moos-Steinbrech
an Felsplatte

Unser „August-
September-
Blütenstrauß"…

1 Feld-Enzian (VII–IX)
2 Kriechende Hauhechel (VII–IX)
3 Alpenveilchen (VI–IX)
4 Blauer Eisenhut (VII–IX)
5 Tauern Eisenhut (VI–VIII)
6 Drüsiges Springkraut (VII–VIII)
7 Alpen-Aster (VI–IX)
8 Berg-Flockenblume (V–X)
9 Quirlblättriges Weidenröschen (VI–VIII)
10 Acker-Glockenblume (VI–IX)
11 Sumpf-Kratzdistel (VI–IX)
12 Heidekraut (VIII–IX)
13 Alpen-Milchlattich (VII–VIII)
14 Silberdistel (VII–IX)
15 Edelweiß (VII–IX)
16 Kahler Alpendost (VI–VIII)
17 Gewöhnlicher Wasserdost (VII–IX)
18 Vierzähniger Strahlensame (VII–IX)
19 Endivien-Habichtskraut (VII–VIII)
20 Schwarzrandige Schafgarbe (VII–IX)
21 Schwarze Königskerze (VI–IX)

Verheißungsvoller Gratverlauf zwischen Sonntagsspitze und Schreckenspitze mit reichem Edelweißvorkommen direkt am Wegesrand

Blütensterne über dem Achensee

Was der Alpenverein stolz auf seinem Logo anpreist, begeistert den Wanderer in freier Wildbahn immer wieder: das Alpen-Edelweiß! Allzu häufig ist einem das Glück ja nicht hold, die streng geschützte Alpenpflanze zu entdecken. So gesehen ist der Verbindungsgrat zwischen Sonntags- und Schreckenspitze ein wahres Paradies, abgesehen davon, dass er zu den schönsten Graten der Umgebung zählt. Denn hier sprießen die filzigen Blütensterne derart üppig aus dem Boden, dass man beim Begehen des schmalen Graspfades stets die Augen offen halten sollte. Und auch ein anderer seltener Korbblütler gibt sich die Ehre: die Alpen-Aster, das blaue Bergsternkraut! Die beiden seltenen Alpenblumen scheinen sich zu mögen, wachsen sie doch wie Fliegen- und Steinpilz oft in unmittelbarer Nachbarschaft ...

om Parkplatz führt der breite Wanderweg anfangs fast eben in das Unterautal hinein. Somit können wir uns ganz entspannt um die vielseitige Flora kümmern. Die Breitblättrige und Rotbraune Stendelwurz sind Anfang August neben Sumpf-Stendelwurz und Mücken-Händelwurz die letzten verbliebenen Orchideen, oberhalb der Waldgrenze werden wir noch Kohlröschen und Kugelorchis erspähen. Am Ufer des Unteraubachs schießen Schwarze Königskerzen in die Höhe, ebenfalls gelb – jedoch in Scheindolden – blüht das Fuchs-Greiskraut. Manche Wiesen sind flächendeckend mit der roten Blüte der Wiesen-Flockenblume überzogen, gelegentlich mischt

Alpen-Edelweiß

Familie	Korbblütengewächse
Blütezeit	Juli bis September

Lebensraum Kalksteinhaltige Bergrasen, steiles Felsgelände

Wichtigste Merkmale
- 5–20 cm Höhe
- Blütenstern aus bis zu 15 weißfilzigen Hochblättern (Scheinblüte), im Inneren mehrere weißgelbe Blütenkörbe mit insgesamt 60–80 Einzelblüten
- Wollig-filzige Pflanze mit lanzettlichen Blättern

Schon gewusst? Die dichte Behaarung benötigt das Edelweiß, um sich vor der UV-Strahlung der Sonne bzw. gegen Austrocknung und Wärmeverlust zu schützen. Die seltene Edelpflanze wächst bis in Höhen von 3000 m – je höher der Standort, desto üppiger fällt der Schutzpelz aus.

Fundstellen unterwegs An der steilen Sonntagsspitzen-Grasflanke und am Grat zur Schreckenspitze

Schwierigkeit	▲ ▲ ▲
Gehzeit	5 ½ Std.
Höhenmeter	1050
Recherche	1. August

Route Achenkirch → Gröbner Hals → Sonntagsspitze → (Schreckenspitze) und zurück

Anfahrt

Auto A 8 Ausfahrt Holzkirchen, B 307 über Tegernsee nach Achenkirch, der Beschilderung „Christelum" folgen, am Hochalmlift vorbei zum Wanderparkplatz

Navigation N 47.514578°, E 11.696599°

Charakter Bis zur Gröbenalm auf der gering bis mäßig ansteigenden Forststraße empor, dann auf schönem Steig zum Gröbner Hals. Gipfelanstieg auf engem Pfad zur Sonntagsspitze teils recht steil und abschüssig (Schwindelfreiheit und Trittsicherheit erforderlich). Zugabe zur Schreckenspitze (ca. + 1 Std.) auf dem grasigen Grat sehr lohnend!

Wegweiser Gröbnerhals und Sonntagsspitze gut beschildert

Karte Kompass-Wanderkarte Nr. 027 Achensee, 1:35.000

Blumen am Weg Breitblättrige und Rotbraune Stendelwurz, Kleine Braunelle, Ästige Graslilie, Schmalblättriges, Kleinblütiges und Quirlblättriges Weidenröschen, Alpen- und Fuchs-Greiskraut, Schwarze Königskerze, Moschus-Schafgarbe, Blauer Eisenhut, Klebriger Salbei, Grauer Alpen-Dost, Wiesen- und Skabiosen-Flockenblume, Kriechendes Fingerkraut, Wolfs-Eisenhut, Echter Augentrost, Scheuchzers Glockenblume, Weiße Taubnessel, Bärtige, Acker- und Zwerg-Glockenblume, Mittlerer Wegerich, Rote Lichtnelke, Drüsiger Gilbweiderich, Sterndolde, Ährige und Halbkugelige Teufelskralle, Mücken-Händelwurz, Sumpf-Herzblatt, Teufelsabbiss, Fetthennen-Steinbrech, Sumpf-Stendelwurz, Punktiertes Johanniskraut, Taubenkropf-Leimkraut, Alpen-Leinkraut, Saat-Esparsette, Kriechendes Gipskraut, Blutwurz, Schwarzes und Rotes Kohlröschen, Sonnenröschen, Sommerwurz, Arznei-Thymian, Gold-Pippau, Echter Ehrenpreis, Alpen-Steinquendel, Bachnelkenwurz, Horn- und Wundklee, Alpen-Goldrute, Orangerotes und Zottiges Habichtskraut, Hallers Wucherblume, Wiesen-Labkraut, Berg-Flockenblume, Alpen-Milchlattich, Kugelorchis, Kopfiges Läusekraut, Dunkler Mauerpfeffer, Blaugrüner Steinbrech, Alpen-Edelweiß, Gewöhnliche Vogel-Wicke, Alpen-Aster, Schlauch-Enzian, Weißer Feld-Enzian, Schnittlauch, Bewimperte Alpenrose, Alpen-Vergissmeinnicht

Alpen-Aster

Familie	Korbblütengewächse
Blütezeit	Juni bis September

Lebensraum Sonnenbegünstigte Magerrasen und Felsen

Wichtigste Merkmale
- 5–20 cm Höhe
- Auffällige Blütenkörbchen mit zwittrig-gelben Röhren- und blau-violetten Zungenblüten
- Behaarter Stängel mit schmal lanzettlichen Blättern

Schon gewusst? Die geschützte Alpenpflanze trägt noch andere schöne Namen wie Alpen-Sternblume, Blaue Gamsblüh, Blaue Gamswurz und Blaues Bergsternkraut.

Fundstellen unterwegs Vereinzelt auf den Wiesen zwischen Gröbenalm und Sonntagsspitze sowie am Grat zur Schreckenspitze

sich auch die ähnliche Skabiosen-Flockenblume darunter.

Im Lauf des Anstiegs – nach dem Moosenalm-Abzweig wird der Weg deutlich steiler – entdecken wir drei verschiedene Weidenröschen-Arten: das Schmalblättrige, Kleinblütige und im Almgebiet das Quirlblättrige. Oberhalb der Gröbenalm führt ein Steig zum nahen Gröbner Hals (1654 m), eine Einsattelung zwischen dem Rether Kopf im Norden und der Sonntagsspitze im Süden, deren steile Graspyramide Eindruck hinterlässt. Schöner Blick auch nach Westen auf den Karwendel-Hauptkamm! Die Almwiesen sind von zahlreichen Alpenblumen übersät. Das violette Alpen-Leinkraut zeigt sich in Tirol übrigens manchmal ohne orangegelben Schlund.

Über Grasstufen nähern wir uns unserem Gipfelziel an. An einem schattigen Felsen entdecken wir den Blaugrünen Steinbrech, das Zottige Habichtskraut und ein erstes Exemplar vom Edelweiß! Es folgt eine mit Drahtseilen gesicherte Kletterstelle über eine kleine Wandflucht, bevor der Pfad über den steilen Grashang zur Sonntagsspitze hochführt. Etwa zwanzig Meter unterhalb des Gipfels beginnt das Edelweiß-Territorium! Der charakteristische filzig-weiße

Stern stellt nur die Scheinblüte dar und ist bis in den Spätherbst hinein zu bewundern. Anfang August jedoch sind auch die gelbweißen Blütenkörbchen inmitten des Sterns bestens ausgeprägt. Das Edelweiß ist im gesamten Alpenraum streng geschützt und darf keinesfalls gepflückt werden!

Am Grat angelangt, sind es bis zum kleinen Gipfelkreuz (1923 m) nur noch wenige Schritte. Wir könnten hier also gemütlich Brotzeit machen und uns mit diesem herrlichen Aussichtspunkt zufrieden geben. Doch mit Blickrichtung Süden verspricht der weitere Gratverlauf – im Vordergrund ein namenloser Wiesenbuckel, dahinter die benachbarte Schreckenspitze (2022 m) – einen Genussabschnitt erster Güte! Zumal unmittelbar am Grat nicht nur weitere Edelweiße, sondern auch die schönen Alpen-Astern blühen. Erwähnenswert ist auch der Feld-Enzian, der im Gegensatz zum Deutschen Fransenenzian nur vier Blütenblätter hat und hier vorwiegend nicht violettrot, sondern weiß blüht.

Das Angenehme an der Gratzugabe ist, dass man je nach Gusto jederzeit wieder umkehren kann, da der Abstieg auf derselben Route verläuft.

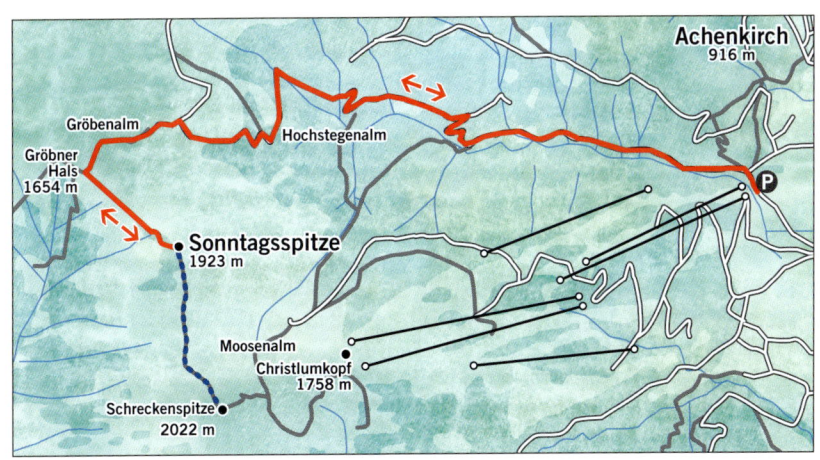

Dominanter Blauer Eisenhut

Zwei Monate nach unserem ersten Besuch im Berwanger Blütenparadies suchen wir diese reizvolle Gegend noch einmal auf – dieses Mal etwas weiter östlich am Galtjoch oberhalb von Rinnen. Und auch wenn die verschwenderische Blütenpracht des Frühsommers Mitte August naturgemäß längst abgeebbt ist, werden wir ob der noch vorhandenen Vielfalt nicht enttäuscht sein. Die „Blüte des Tages" ist eindeutig der Blaue Eisenhut, der sich sowohl im Schutz des Waldes als auch auf freien Almwiesen und zugigen Gipfellagen sehr wohl zu fühlen scheint. Außerdem genießen wir herrliche Bergpanoramen und finden sowohl im Auf- als auch im Abstieg eine schöne Alm-Einkehr vor.

Am Parkplatz überqueren wir die Rotlech-Bachbrücke und halten uns an der Weggabelung links (Ww. Alpe Raaz). Für die fortgeschrittene Jahreszeit ist die Blütentafel am Wegesrand noch reich gedeckt. Sogar der seltene Fetthennen-Steinbrech blüht noch an einem kleinen Bächlein. Nach Überqueren eines Forstwegs setzt sich der kurzweilige Steig fort. Wir überwinden eine Steilstufe und stoßen auf eine flache Forststraße, der wir nach links etwa 200 Meter weit folgen.

Am Schild „Neuer Weg zu den Almen" (über Forststraße) zweigen wir rechts in den klar erkennbaren alten Pfad ab. Auf diese Weise gelangen wir an eine große Waldlichtung mit einer interessanten Wald-und-Wiesen-Flora. Auf den Blauen Eisenhut könnten wir hier noch verzichten (der blüht später ohnehin sehr üppig). Aber die Entdeckung des sehr seltenen Kreuz-Enzians macht doch Freude! Die bis zu einem halben Meter hochwachsende Staude fällt durch ihre mehrstöckigen kreuzgegenständigen Blattpaare auf. Der ähnliche ebenfalls blühende Schwalbenwurz-Enzian weist fünf statt vier Zipfel an der Blüte auf, zudem sind die Blätter breiter.

Etwas oberhalb stoßen wir dann auf den neu angelegten Steig, bevor wir uns an der Weggabelung rechts halten (Ww. Sennalpe Raaz; links geht es zur Ehenbichler Alm, siehe Abstieg). Nach einer erholsamen, da nur gering ansteigenden Waldpassage erreichen wir das weitläufige Hochplateau an der Sennalpe Raaz mit Blick auf die unbewirtschaftete Reuttener Hütte. Vorzeige-Pflanze der aussichtsreichen Alm ist der Blaue Eisenhut: Dicht an dicht stehen die bis zu eineinhalb Meter hohen Hahnenfußgewächse in großen Kolonien Spalier. Sämtliche Pflanzenteile sind sehr giftig, weshalb die Pflanze auch

Blauer Eisenhut

Familie Hahnenfußgewächse
Blütezeit Juli bis September

Lebensraum Alpine Bachufer, Feuchtwiesen und Wälder

Wichtigste Merkmale
- 50–150 cm Höhe
- Blütentraube aus dunkelblauen bis tiefvioletten Blütenhüllblättern, 2 Nektarblätter im Helm verborgen
- Laubblätter handförmig (fünf- bis siebenfach) geteilt, Blütenstiele behaart

Schon gewusst? Wer nur zwei Gramm der hochgiftigen Wurzel konsumiert, muss mit dem Tod rechnen. Erst fühlt sich nur die Zunge taub an, dann erlahmt die obere Atemmuskulatur. Auch mit den anderen Pflanzenteilen sollte man nicht in Berührung kommen.

Fundstellen unterwegs Vereinzelt an Waldlichtungen beim Aufstieg zur Raaz-Alpe und am Westhang der Abendspitze, in großen Gruppen an der Raaz-Alpe und auf dem Galtjoch

„Gifthut", „Würgling" oder „Ziegentod" genannt wird. Nicht minder dominant präsentieren sich das gelb blühende Alpen-Greiskraut und die Alpen-Ampfer als typischer Alm-Überdüngungs-Indikator.

Unser Tagesziel mit Abendspitze und Galtjoch baut sich im Süden oberhalb des Bergkessels direkt vor uns auf. Wer nicht einkehren möchte, lässt die Sonnenterrasse der Sennalpe (1736 m) rechts liegen und folgt dem breiten Almweg nach Süden. Wenig später zweigt unser beschilderter Steig nach rechts ab. In der Folge werden, einen Gelben Enzian passierend, die Westhänge der Abendspitze in mäßiger Steigung gequert. Habichtskräuter, Sonnenröschen, die Bewimperte Alpenrose, Katzenpfötchen, Fetthennen-Steinbrech und das Rundblättrige Wintergrün blühen

Blauer Eisenhut, soweit das Auge reicht: Beim Anstieg zur Raaz-Alm und am Galtjoch-Gipfel

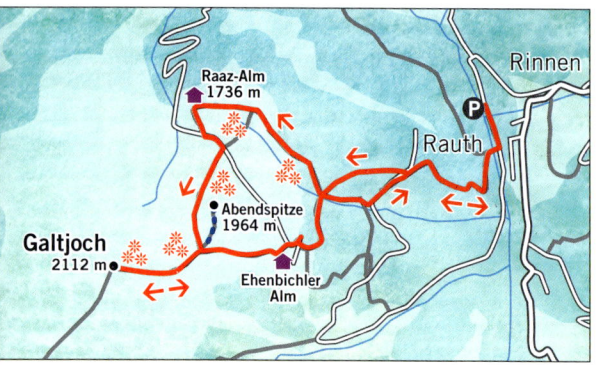

Schwierigkeit	▲▲
Gehzeit	2 ½ Std.
Höhenmeter	900
Recherche	14. August

Route Rauth → Raaz-Alm → Galtjoch → Ehenbichler Alm → Rauth

Anfahrt

Auto A 95 und B 23 über Garmisch nach Ehrwald, L 179 über Lermoos nach Bichlbach, L 21 über Berwang nach Rinnen, im Ort die kleine Teerstraße rechts in den Talboden (Rauth) fahren, Parkplatz an der Bachbrücke

Navigation N 47.402634°, E 10.711477°

Charakter Genussreiche Rundwanderung durch schönes Wald-, Alm- und Bergwiesengelände mit großartigem Blick in die Lechtaler Alpen! Nur kurze Abschnitte auf breiten Wegen, sonst solide Steige

Wegweiser Zunächst sind nur die Almen beschildert, dann folgen wir im Aufstieg den Wegweisern Richtung Galtjoch und Reuttener Höhenweg, im Abstieg Richtung Ehenbichler Alm und Rinnen.

Einkehr/Übernachtung
• Sennalpe Raaz, Tel. +43-676-6802455, www.raazalpe.com
• Ehenbichler Raaz-Alm, Tel. +43-676-82458138, www.raaz-alm.com

Karte Kompass-Wanderkarte Nr. 24, Lechtaler Alpen Hornbachkette, 1:50.000

Blumen am Weg Berg-Flockenblume, Sumpf-Herzblatt, Kleine Braunelle, Gewöhnlicher Teufelsabbiss, Grannen-Klappertopf, Weidenblättriger Alant, Tauben-Skabiose, Fetthennen-Steinbrech, Scheuchzers Glockenblume, Sterndolde, Silberdistel, Rotbraune Stendelwurz, Berg-Gamander, Mittlerer Wegerich, Berg-Baldrian, Feld-Enzian, Augentrost, Moschus-Schafgarbe, Mücken-Händelwurz, Bärtige Glockenblume, Arnika, Kreuz-Enzian, Schwalbenwurz-Enzian, Hornklee, Blauer Eisenhut, Wollgras, Kuckucks-Lichtnelke, Alpen-Greiskraut, Alpen-Ampfer, Blutwurz, Stachelige Kratzdistel, Tüpfel-Johanniskraut, Gelber Enzian, Grauer Alpendost, Braun-Klee, Alpen-Milchlattich, Orangerotes und Zottiges Habichtskraut, Sonnenröschen, Bewimperte Alpenrose, Taubenkropf-Leimkraut, Wolfs-Eisenhut, Rundblättriges Wintergrün, Katzenpfötchen, Arznei-Thymian, Rotes und Schwarzes Kohlröschen, Schmalblättriges Weidenröschen

direkt am Wegesrand. Letzteres ist ein typisches Schattengewächs und sucht gerne den Schutz von Sträuchern. Aus den glockenartigen, weißen Blüten hängen S-förmig gebogene, rötliche Griffel.

Am Wiesenjoch (1895 m) stoßen wir auf eine Wegkreuzung. Während der Abstecher zur Abendspitze (1964 m) hin und zurück maximal zwanzig Minuten dauert, zieht sich der breite Graskamm zum Galtjoch etwas länger hin. Der Blütenreichtum nimmt hier deutlich ab, doch knapp unterhalb des Gipfels (2112 m) breitet sich in einer Geländenische ein weiteres Blauer-Eisenhut-Feld aus. Der Ausblick auf die Lechtaler, Allgäuer und Ammergauer Alpen ist herausragend.

Wir steigen wieder zum Wiesenjoch ab und halten uns dort rechts (Ww. Ehenbichler Alm). Der Pfad verliert sich anfangs in der Wiese, aber wenn wir in etwa in der Falllinie absteigen und nach etwa zehn Minuten rechts haltend den Bachtobel überqueren, stoßen wir wieder auf jenen soliden Weg, der direkt in den Fahrweg an der Ehenbichler Alm (1680 m) mündet. Der weitere Abstieg (Ww. Rinnen) erfolgt hinter der Hütte direkt an den kräftig blühenden Schmalblättrigen Weidenröschen. Nach etwa einer halben Stunde erreichen wir den Schilderbaum, den wir vom Aufstieg kennen.

Den Hohen Tauern so nah

Der Große Rettenstein ist mit seiner von Weitem sichtbaren Felspyramide die markanteste Berggestalt der Kitzbüheler Alpen. Der isolierte Standort in direkter Nachbarschaft der Hohen Tauern garantiert uns nicht nur ein überragendes Bergpanorama, sondern beeinflusst auch die Alpin-Flora am Berg. So erscheint der uns wohlbekannte Blaue Eisenhut in abgewandelter Form als Tauern-Eisenhut. Ansonsten blühen in der felsdurchsetzten Steilflanke unter anderem der Deutsche Fransenenzian und Steinbrechgewächse.

Wer früh am Gipfel ist, minimiert das Steinschlagrisiko, erhöht die Wahrscheinlichkeit einer Steinbock-Begegnung und genießt die klare Morgensicht.

Bei der Anfahrt auf der Mautstraße durch das Spertental fahren wir direkt auf den imposanten Großen Rettenstein zu. Unser Steig beginnt oberhalb der Schaukäserei Almsteig, parken müssen wir jedoch weiter südlich. Anfangs geht es auf Pfadspuren (Markierungsstangen) über eine Wiese zum Waldrand, dann überwinden wir die bewaldete Steilstufe, überqueren die Forststraße und durchwandern einen schönen Bachgraben. Am Berghang blüht das Endivien-Habichtskraut, das an den weißgelben Blüten und den niederliegenden gezähnten Grundblättern leicht von den zahlreichen anderen Habichtskräutern zu unterscheiden ist.

An der Schöntalalm stoßen wir auf einen Güterweg. Nach der Flachpassage im Hochtal steigt der Weg wieder etwas an. Wir zweigen rechts zur Schöntalscherm ab und können

Deutscher Fransenenzian ✳

Familie Enziangewächse
Blütezeit Juli bis September

Lebensraum Kalkreiche Magerrasen und Weiden

Wichtigste Merkmale
- 5–30 cm Höhe
- Violettrote Blüten in doldiger Traube, Kelch mit 5 Zipfeln bzw. Blättern, Krone mit weißbärtigem Schlund
- Kreuzgegenständige Laubblätter an einfachen oder verzweigten Stängeln

Schon gewusst? Der Feldenzian ähnelt dem Deutschen Fransenenzian sehr, hat aber nur vier Kronblätter. Der Gewöhnliche Fransenenzian wiederum blüht blau und weist statt eines bärtigen Schlunds, der es nur Hummeln erlaubt, an den Nektar zu gelangen, gefranste Blütenblätter auf.

Fundstellen unterwegs Gipfelhang am Großen Rettenstein

also von Nutzen sein. Je früher man hier unterwegs ist, desto größer ist die Wahrscheinlichkeit, Steinböcke beim Grasen beobachten zu können!

Am Wegesrand entdecken wir den Kahlen Alpendost, der sich vom Grauen Alpendost durch die nicht graufilzig bedeckte Blattunterseite unterscheidet. Weniger auffällig sind die Unterschiede zwischen dem hier blühenden Tauern-Eisenhut (unbehaarter Stängel und flacherer „Hut") und dem uns bekannten Blauen Eisenhut (siehe Tour 36)! Die Bewimperte Nabelmiere ist ein typischer Bewohner alpiner Kalkschuttfluren. Zwischen den fünf weißen Kronblättern sind die etwas kürzeren grünen Kelchblätter sichtbar, die fleischigen Stängelblätter sind am Grund ebenso bewimpert wie die Samen am Nabel der Pflanze. Ebenso schuttliebend sind der orange und gelb blühende Fetthennen-Steinbrech sowie der Blaugrüne Steinbrech (Name bezieht sich auf das Blattpolster).

nach einer Höhenstufe, dem beschilderten Abzweig folgend, an der Wasserquelle unseren Wasservorrat auffüllen. Was angesichts des zunehmend anstrengenden Anstiegs sicher keine schlechte Idee ist! Denn anschließend führt der Steig erst über Wiesen, später über steile Schrofen in zahlreichen Kehren unserem Tagesziel entgegen. In der Steilflanke herrscht mit Blick auf die großartige Felsgalerie des Gipfelkamms Steinschlaggefahr, ein Helm kann

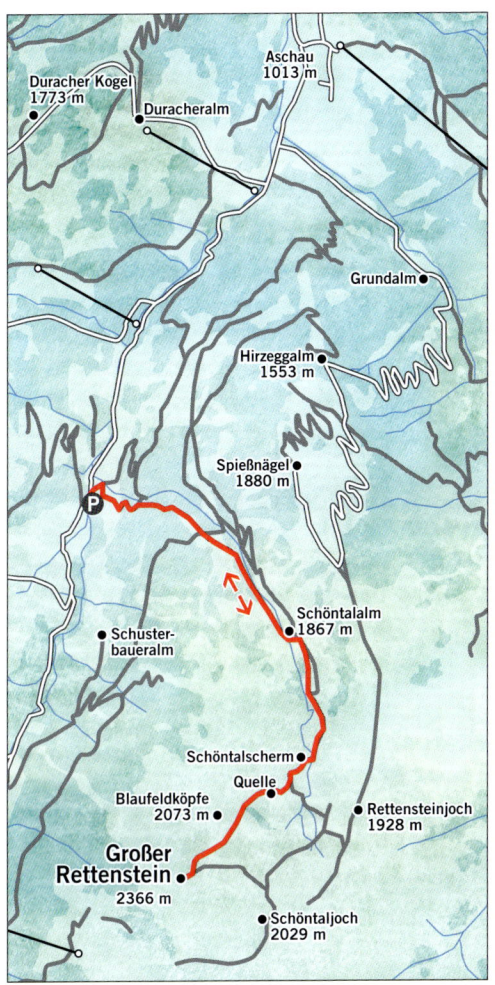

Großartige Felsszenerie
am Großen Rettenstein

Schwierigkeit	▲ ▲ ▲
Gehzeit	5 ½ Std.
Höhenmeter	1230
Recherche	18. August

Route Hintenbachalm → Schöntalalm → Wasser-quelle → Großer Rettenstein und zurück

Anfahrt

ÖVM Mit der Bahn nach Wörgl, Regionalbahn nach Kirchberg, Postbus 4004 nach Aschau im Spertental

Auto Inntalautobahn A 12 Ausfahrt Wörgl Ost, B 171 und 170 nach Kirchberg, im Ort rechts in das Spertental nach Aschau und die Mautstraße talein bis zum Parkplatz an der Hintenbachalm (nach der Bachbrücke)

Navigation N 47.355135°, E 12.288465°

Charakter Nach der bewaldeten Steilstufe folgt ein Genussabschnitt durch den Schöntalgraben und das weite Hochtal der Schöntalalmen. Die sehr lohnende Rettenstein-Besteigung erfordert aufgrund der Steilheit (Steinschlaggefahr!) und leichter Kletterstellen Trittsicherheit und Schwindelfreiheit.

Wegweiser Der Anstieg zum Rettenstein ist bestens beschildert und rotweiß markiert.

Karte Kompass-Wanderkarte Nr. 29, Kitzbüheler Alpen, 1:50.000

Blumen am Weg Echter Augentrost, Wald-Witwen-blume, Sumpf-Herzblatt, Alpen-Greiskraut, Schwarz-randige und Moschus-Schafgarbe, Geflecktes Knaben-kraut, Rote Lichtnelke, Heidekraut, Simsenlilie, Tüpfel-Johanniskraut, Tauben-Skabiose, Endivien-Habichtskraut, Tauern-Eisenhut, Alpen-Distel, Sumpf-Kratzdistel, Berg-Löwenzahn, Scheuchzers Glocken-blume, Kahler Alpendost, Schwarzes Kohlröschen, Bewimperte Nabelmiere, Deutscher Fransenenzian, Fetthennen-Steinbrech, Blaugrüner Steinbrech, Wundklee, Bewimperte Alpenrose, Dunkler Mauer-pfeffer, Alpenmaßliebchen, Zwerg-Glockenblume, Alpenleinkraut, Vierzähniger Strahlensame, Hornklee, Sonnenröschen

Vor der finalen Felspassage stoßen wir auf eine kleine bunte Blumenwiese mit Sumpf-Herzblatt, Sonnenröschen und Deutschem Fransenenzian. Letzterer scheint sich zwischen den Felsen die schönsten Logenplätze zu suchen. Nach Überwindung leichter Kletterpassagen stehen wir auf dem luftigen Gipfel, der – wie bei der Anfahrt gesehen – nach Norden eine beeindruckende Steilwand abwirft; in der Ferne grüßt das Kaisergebirge. Im Süden bewundern wir das Tauern-Panorama vom Großen Wiesbachhorn über Großglockner und Großvenediger bis zur Dreiherrnspitze.

Der Abstieg erfolgt auf der Aufstiegsroute.

Vom Regenwasser gespeist

Die Kendlmühlfilzen werden im Gegensatz zu den Niedermooren, die vom Grundwasser abhängig sind, ausschließlich vom Regen gespeist. Nach sommerlichen Unwettern kann das Hochmoor schon mal über die Ufer treten und den gut gepflegten Wanderweg mit seinem braunen Wasser überfluten. Dabei sah es vor der Gründung des Naturschutzgebietes im Jahr 1992 so aus, als würde das wertvolle Biotop durch den intensiven Torfabbau austrocknen und somit Tieren wie Pflanzen die Lebensgrundlage entziehen. Das Heidekraut etwa setzt die im Torf vorhandenen Nährstoffe mit Hilfe von Wurzelpilzen in Lebensenergie um und überzieht Ende August weite Flächen der Filzen mit einem rosafarbenen Blütenteppich.

D er Moosrundweg ist durch seinen annähernd quadratischen Verlauf und die gute Beschilderung nicht zu verfehlen. Vom Parkplatz geht es durch einen Bruchwald aus Schwarzerlen, Kiefern, Espen und Birken Richtung Norden. Klassische Vertreter der spärlichen Waldflora sind die gelb blühenden Gewöhnlichen und Kanadischen Goldruten. Dann zweigt unsere Route rechts in die offenen Filzen ab.

Da das Heidekraut weite Flächen einnimmt, können wir bereits nach wenigen Schritten erkennen, ob wir rechtzeitig zur Blüte gekommen sind. Im Idealfall liegt nun ein rosafarbener Teppich vor uns, mit dem Hochgern im Hintergrund!

Andere Heidekrautgewächse wie die Rosmarinheide, Rauschbeere, Moosbeere oder Heidelbeere blühen zu einem früheren Zeitpunkt. Von der Preiselbeere entdecken wir ab Mitte August die roten Früchte. Alle strauchartigen Pflanzen im Hochmoor sind zwecks Nahrungsaufnahme auf eine Symbiose mit einem Pilz angewiesen, der sich an den Wurzeln festsetzt und den Stickstoff der Bodenluft bindet. Eine andere elegante Möglichkeit, die Nährstoffarmut des Hochmoors zu überlisten, zeigt der Sonnentau

Heidekraut

Familie   Heidekrautgewächse
Blütezeit   August bis September

Lebensraum Moore, Heiden und lichte Kiefernwälder

Wichtigste Merkmale
- 30–90 cm Höhe
- Dichte rosafarbene Blütentrauben; jede Blüte weist 4 Kron- und Kelchblätter sowie einen grünen Außenkelch auf.
- Die schuppenähnlichen Blätter stehen gegenständig und sind wie Dachziegel angeordnet.

Schon gewusst? Der immergrüne Zwergstrauch – durch den besenartigen Wuchs auch Besenheide genannt – kann bis zu 40 Jahre alt werden.

Fundstellen unterwegs Freiflächen der Kendlmühlfilzen

auf. Die fleischfressende Pflanze fängt pro Jahr bis zu 2000 Insekten, die an der klebrigen Flüssigkeit seiner Fanghaare haften bleiben und mittels eines Verdauungssaftes zersetzt werden. Die Blattoberseite ist mit rötlichen, Tröpfchen behafteten Tentakeln versehen.

Nach Durchqueren der offenen Filzen geht es rechts abermals durch Wald Richtung Süden. Der Weg mündet in die geteerte Moosbacher Straße. Vor der Brücke biegen wir rechts in den Weg, der von einem dichten Springkrautgürtel getrennt, am Hindlinger Bach entlangführt. Dann halten wir uns abermals rechts an einem Pferdegestüt vorbei zum Parkplatz.

Heidekraut-Stauden mit Hochgern-Blick

Schwierigkeit ▲
Gehzeit 1 Std.
Recherche 27. August

Route Rundweg Kendlmühlfilzen

Anfahrt

Auto A8 Ausfahrt Bernau, B305 Richtung Grassau, 600 m nach dem Klaushäusl-Museum links in den Steinbrückweg, Parkplatz am Beginn des NSG

Navigation N 47.782798, E 12.438369°

Charakter Einfacher Spaziergang (3 km) ohne Steigungen mit längeren Schattenpassagen

Wegweiser Moosrundweg

Karte Kompass-Wanderkarte Nr. 10, Chiemsee Simssee, 1:50.000

Blumen am Weg Gewöhnlicher Teufelsabbiss, Gewöhnliche und Kanadische Goldrute, Klappertopf, Sumpf-Ziest, Gewöhnlicher Wasserdost, Heidekraut, Rundblättriger Sonnentau, Drüsiges Springkraut, Echtes Mädesüß, Gewöhnlicher Blutweiderich, Ross-Minze

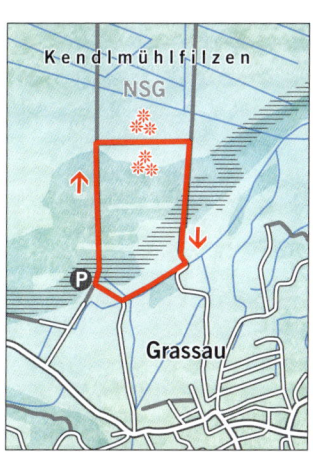

Betörender Veilchenduft

Wenn es einen Preis für duftende Wildpflanzen geben würde, das Alpenveilchen könnte sich selbstbewusst bewerben. Denn der süßliche Blütengeruch steigt dem Wanderer im Bergwald oberhalb von Bad Reichenhall schneller in die Nase, als er das äußerst seltene Primelgewächs zu erspähen vermag. Obwohl die streng geschützte Blume aufgrund des massenhaften Vorkommens selbst vom Laien nicht zu übersehen ist! Nach diesem betörenden Auftakt lichtet sich der Wald, und Landschaft, Wegführung und Aussicht werden mit jedem Höhenmeter großartiger.

Die Orientierung am Hochstaufen ist einfach, auch weil man das mächtige Bergmassiv an der ersten Lichtung oberhalb des Parkplatzes komplett einsehen kann. Zwei in etwa gleich lange Wege führen zum Reichenhaller Haus: Die Ostroute über Buchmahdsattel und Steinerne Jäger ist deutlich anspruchsvoller, aber auch blütenärmer, weshalb wir uns an der Weggabelung für die Westroute über die Bartlmahd entscheiden. Diese ist zwar ebenfalls steil und an manchen Stellen leicht ausgesetzt, durch die solide Steiganlage aber mit etwas Trittsicherheit problemfrei zu bewältigen.

Diese Gipfelaspiranten erwarten frohgelaunt den Sonnenuntergang. Der Fernblick reicht über die Chiemgauer Alpen hinaus bis zu Kaiser- und Mangfallgebirge.

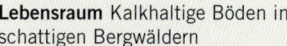
Alpenveilchen

Familie Primelgewächse
Blütezeit Juli bis September

Lebensraum Kalkhaltige Böden in schattigen Bergwäldern

Wichtigste Merkmale
- 5–15 cm Höhe
- Die rosa bis purpurfarbenen Einzelblüten duften stark und sind im Schlund dunkelrot gefärbt, die Zipfel der 5 Kronblätter zurückgeschlagen.
- Herzförmige dunkelgrüne Grundblätter mit langem Stiel, schwacher Zähnung und heller Zeichnung auf der Blattoberfläche, Unterseite violett

Schon gewusst? Die Knolle des Alpenveilchens ist sehr giftig.

Fundstellen unterwegs Verbreitet im Waldgürtel am Fuß des Hochstaufens

Nach der Waldpassage mit zahlreichen Alpenveilchen lichtet sich der Wald und erste Schotterfelder (Königskerze, Weidenblättriges Ochsenauge, Dunkler Mauerpfeffer) werden gequert. An der Bartlmahd zweigt der Weg zur Zwieselalm ab, während wir direkt durch die steile Bergflanke emporsteigen. Dabei stoßen wir auf den Quirlblütigen Salbei, der an seiner kerzenförmig aufstrebenden, üppig-hellroten Blüte und den herzförmigen Blättern leicht zu erkennen ist. Etwas oberhalb erreichen wir eine Wiese mit erstaunlichem Blütenbestand: Zwischen der zartrosafarbenen Kriechenden Hauhechel – die im Gegensatz zur Dornigen Hauhechel keine Dornen hat – entdecken wir das Echte Leinkraut, das normalerweise an kiesreichen Standorten des Alpenvorlands (z. B. Fröttmaninger Heide, siehe Tour 40) gedeiht, in alpinen Bergregionen jedoch eine echte Rarität darstellt! Die hellgelben Blüten sind mit einem orangefarbenen Schlund versehen. Hübsche

Das Alpenveilchen überzieht den Waldboden mit seinen intensiv duftenden Blüten.

Kriechende Hauhechel

Familie	Schmetterlingsgewächse
Blütezeit	Juli bis September

Lebensraum Magerwiesen und Böschungen in sonniger Lage

Wichtigste Merkmale
- 20–60 cm Höhe
- Je Tragblatt eine rosafarbene Blüte
- Aufrechte Stängel und eiförmige Blätter mit drüsig-zottiger Behaarung; Pflanze strauchartig niederliegend mit Ausläufern

Schon gewusst? Ein Tee aus der Hauhechel-Wurzel soll das Blut reinigen und den Stoffwechsel anregen. Außerdem wird die Pflanze u. a. gegen Rheuma, Nierensteine und Hautkrankheiten eingesetzt.

Fundstellen unterwegs Wiese zwischen Wegabzweig Zwieselalm und Gratrückenansatz des Hochstaufens

Gut angelegter Steig am Hochstaufen. Häufig im Blickfeld: die Silberdistel

farbliche Akzente setzt auch die purpurrot blühende Karthäuser-Nelke.

Oberhalb der Baumgrenze wendet sich der Steig langsam in östliche Richtung. Dabei wechseln sich spannende Fels-Krater-Landschaften mit genussreichen Gratabschnitten und steileren Schrofenpassagen ab. Die steinigen Berghänge sind nun von zahlreichen Alpen-Disteln und Rauen Löwenzähnen – die sich in

Schwierigkeit	▲ ▲
Gehzeit	5 ½ Std.
Höhenmeter	1120
Recherche	28. August

Route Padinger Alm → Reichenhaller Haus → Hochstaufen und zurück

Anfahrt

ÖVM Mit der Bahn nach Bad Reichenhall

Auto A 8 Ausfahrt Bad Reichenhall, B 21 Richtung Lofer, St 2101 kurz rechts Richtung Inzell, an der Ampel rechts Richtung Kaserne/Nonn, Auffahrt rechts zur Padinger Alm zum großen Wanderparkplatz

Navigation N 47.739569°, E 12.855399°

Charakter Südseitige Bergwanderung durch schönen Berg-Mischwald, alpine Wiesen- und Schuttfluren sowie über leichtes Felsterrain. Nur im unteren Bereich Forstweg. Großartiger Blick auf die Berchtesgadener Alpen!

Wegweiser Hochstaufen und Reichenhaller Haus bestens beschildert

Einkehr/Übernachtung Reichenhaller Haus, Tel. +49-8651-5566, www.dav-badreichenhall.de

Karte Kompass Wanderkarte 14, Berchtesgadener Land, 1:50.000

Blumen am Weg Alpenveilchen, Mehlige Königskerze, Wiesen-Flockenblume, Tüpfel-Johanniskraut, Augentrost, Scheuchzers Glockenblume, Klebriger Salbei, Alpen-Greiskraut, Bärtige Glockenblume, Weidenblättriges Ochsenauge, Silberdistel, Dunkler Mauerpfeffer, Karthäuser-Nelke, Gewöhnlicher Dost, Quirlblütiger Salbei, Kriechende Hauhechel, Echtes Leinkraut, Schafgarbe, Echtes Labkraut, Kleine Braunelle, Alpen-Steinquendel, Alpen-Distel, Rauer Löwenzahn, Gewöhnlicher Fransenenzian, Stängel-Fingerkraut, Sumpf-Herzblatt, Arznei-Thymian, Deutscher Fransenenzian, Bittere Schafgarbe

erstaunlicher Virtuosität entwickeln können! – übersät. Die Silberdistel entfaltet zu dieser Jahreszeit ihre majestätischen Blütensterne in nie gesehener Anzahl direkt am Wegesrand. Auch das Stängel-Fingerkraut, der Deutsche Fransenenzian und die Bittere Schafgarbe fühlen sich hier wohl. An einer plattigen Felswand erspähen wir erstmals das Reichenhaller Haus, das wir wenige Minuten später erreichen.

Wer hier übernachtet, sieht mit etwas Glück die Sonne über dem Chiemsee untergehen. Hierfür müssen wir von der Hütte nur noch die kurze Steilstufe bis zum Gipfel des Hochstaufens überwinden. Die exponierte Lage am Nordrand der Alpen erlaubt einen weitreichenden Blick in die Schotterebene, sogar der Bayerische Wald ist bei guter Fernsicht zu sehen. Ansonsten großartiger Blick auf Watzmann, Hochkalter, Funtenseetauern und Hochkönig! Nach Einbruch der Dunkelheit kann man das Lichtermeer von Salzburg bis Bad Reichenhall auf sich wirken lassen.

Alternativ zur Übernachtung erfolgt der Abstieg auf derselben Route noch am Nachmittag. Die alpine Variante über die „Steinernen Männer" bleibt geübten Bergsteigern vorbehalten.

Schützenswerte Heideflora

Ähnlich wie die Garchinger Heide (Kuhschelle, Adonisröschen; siehe Band 1) ist auch die Fröttmaninger Heide ein botanisches Kleinod im Norden von München. Bereits wenige Schritte nach Verlassen der U-Bahnstation öffnet sich eine vielseitige Flora mit bis zu 400 verschiedenen Pflanzenarten. Vom kurzen Erkundungs-Spaziergang durch die Schaubeete am Heidehaus inklusive Heide-Rundweg bis zur ausgedehnten Wanderung durch die nordwestlich angrenzende Heide kann man sich hier nach Belieben die Zeit vertreiben. Das Gelände ist mit Wegen und Pfaden derart dicht vernetzt, dass wir keine ausdrückliche Routen-Empfehlung geben. Zumal unterwegs die Warnschilder des Heideflächenvereins („Zutritt für Unbefugte verboten. Gefahr durch Munitionsbelastungen!") – mögen sie begründet sein oder nicht – zu beachten sind.

D a der Münchner Heideflächenverein 2007 das Flora-Fauna-Habitat-Gebiet südlich der A 99 erwarb, scheint die Zukunft des wertvollen Biotops nicht gefährdet zu sein. Der Bau der benachbarten Allianz-Arena (2005) und die damit verbundene Beeinträchtigung der Fröttmaninger Heide durch den Ausbau der Infrastruktur hatten nicht nur bei den örtlichen Naturliebhabern große Bedenken aufkommen lassen. Wichtig für den Erhalt ist die Aufrechterhaltung der extensiven Weidewirtschaft, wozu größere Schafherden und sommerliche Mähvorgänge gleichermaßen beitragen, um ein Ausbreiten der Gehölze zu verhindern.

Der Spaziergänger wundert sich über die Abgeschiedenheit des Naherholungsgebietes direkt vor den Toren Münchens und über die erstaunliche Blumenvielfalt vor Ort. Selbst im September blühen bereits wenige Meter neben dem Westausgang des U-Bahnhofs Fröttmaning einige Blumen, darunter die auffällige Karthäuser-Nelke. Auch das Heidehaus ist mit seiner interessanten Architektur – eine Mischung aus Holz, Stahl und Glas –, auf Anhieb zu erkennen. Es dient als Informations- und Umweltbildungszentrum für die gesamte Heidelandschaft im Münchner

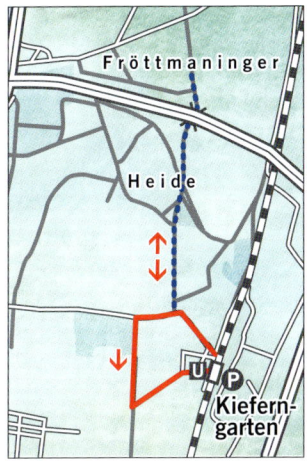

Fröttmaninger

Heide

Kiefern-garten

Schwierigkeit ▲
Gehzeit Nach Belieben
Recherche 14. Juni / 9. September

Route U-Bahn Kiefersfelden → Rundweg Fröttmaninger Heide

Anfahrt

ÖVM Mit der Münchner U-Bahn (U 6) nach Fröttmaning (Westausgang)

Auto A 9 Ausfahrt Fröttmaning, Werner-Heisenberg-Allee nordwärts, Parken im P+R-Bereich der U-Bahn

Navigation N 48.210776°, E 11.619415°

Charakter Einfacher Spaziergang auf ebenen Wegen, der beliebig ausdehnbar ist.

Wegweiser Übersichtskarte am Heidehaus, im Gelände unzureichende Beschilderungen

Hinweis

Unter www.froettmaninger-heide.de hat der Hobby-Botaniker Stefan Sporrer die Flora und Fauna der Fröttmaninger Heide detailliert und übersichtlich dokumentiert.

Karte Informations-Folder Heide-Rundweg im Heidehaus, Tel. +49-89-319 57 30, www.heideflaechenverein.de

Blumen am Weg

- **14. Juni:** Ausdauernder Lein, Wiesen-Salbei, Mehlige Königskerze, Gewöhnlicher Natternkopf, Karthäuser-Nelke, Kleines und Echtes Mädesüß, Wiesen-Labkraut, Kriechendes und Hohes Fingerkraut, Großblütige Braunelle, Gelber Wau, Bunte Kronwicke
- **9. September:** Karthäuser-Nelke, Einjähriger Feinstrahl, Ausdauernder Lein, Gewöhnlicher Beinwell, Gewöhnlicher Hornklee, Weißer Steinklee, Quirlblättriger Salbei, Rosmarinblättriges Weidenröschen, Echtes Leinkraut, Taubenkropf-Leimkraut, Weiße Lichtnelke, Rispen-Flockenblume, Strauchiger Hufeisenklee, Schafgarbe, Rainfarn, Kriechende Hauhechel, Knäuel-Glockenblume, Berg-Baldrian, Arznei-Thymian, Blutroter Storchschnabel, Tüpfel-Johanniskraut, Kanadische Goldrute, Gewöhnliche Nachtkerze, Wilder Dost

Ausdauernder Lein ✾

Familie Leingewächse
Blütezeit Juni bis Juli

Lebensraum Trockene Sand- und Steinböden, Kiefernwald

Wichtigste Merkmale

- 30–70 cm Höhe
- Hellblaue Blüten mit weißen Staubblättern und gelbem Schlund
- Aufrechter, verzweigter Stängel mit sehr schmalen, wechselständigen Blättern

Schon gewusst? Der Ausdauernde Lein ist deutschlandweit extrem selten – kein Vorkommen in den Alpen! – und somit streng geschützt (Stufe 1 der Roten Liste). Auch das Aufspüren des verwandten, allenfalls halb so großen Alpen-Leins ist ein äußerster Glücksfall.

Fundstellen unterwegs Schaubeete am Heidehaus

Königskerzenblüte vor dem Arenadach, Natternkopf-Armada am Aussichtshügel

Norden – also auch für die benachbarten Naturschutzgebiete Echinger Lohe, Garchinger Heide und Mallertshofer Holz mit Heiden. Vor der Blütenerkundung sollte man sich hier zur besseren Orientierung mit einem Informations-Folder eindecken (geöffnet Di.–Do. 14–18 und So. 13–17 Uhr).

Der nahe Aussichtshügel ist im Frühsommer durch endlos viele Mehlige Königskerzen und Gewöhnliche Natternköpfe gelb-lila eingefärbt. Im September feiern wir hier ein überraschendes Wiedersehen mit dem Echten Leinkraut, das wir zwei Wochen zuvor erstmals am Hochstaufen (siehe Tour 39) entdeckt hatten! Südlich des Hügels breiten sich auf dem kiesig-trockenen Untergrund die sogenannten Schaubeete aus. Obwohl der aufgrund seiner Seltenheit und Schönheit zur „Blüte des Tages" erklärte Ausdauernde Lein selbst im Herbst noch vereinzelt anzutreffen ist, sollte man sich für dessen Bewunderung unbedingt im Sommer nach Fröttmaning begeben! Im September dominieren hier das rot blühende Rosmarinblättrige Weidenröschen und der mehrfach verzweigte Einjährige Feinstrahl mit seinen zahlreichen weißen Blüten. Aber auch seltene Pflanzen wie der Weiße Steinklee, der Quirlblättrige Salbei, die Weiße Lichtnelke, die Rispen-Flockenblume und der Strauchige Hufeisenklee sind noch anzutreffen.

Der Heide-Rundweg umfasst insgesamt 13 Stationen mit Informationstafeln beispielsweise zu den Themen Wald, Weide und Pflege und verläuft im ausgewiesenen Gelände rund um den Aussichtshügel. Doch die eigentliche Heide breitet sich nordwestlich innerhalb der sogenannten Munitions-Belastungszonen aus. Sie zu erkunden ist Reiz und eigenes Risiko zugleich.

Rosmarinblättriges Weidenröschen

Familie Nachtkerzengewächse
Blütezeit Juli bis September

Lebensraum Geröll, Kiesbänke, Steinbrüche

Wichtigste Merkmale
- 40–110 cm Höhe
- Hellrote Blüten an endständigen Trauben mit vier Kronblättern, Griffel ähnlich lang wie die auffälligen Staubblätter
- Rötlich-verzweigter Stängel mit rosmarinartigen, wechselständigen Blättern

Schon gewusst? In Deutschland gilt die Pflanze wie das Echte Leinkraut als Neophyt, da sie gewöhnlich in wärmeren Gefilden heimisch ist und sich in ihrer neuen Umgebung erst etablieren muss.

Fundstellen unterwegs Schaubeete am Heidehaus

Karthäuser-Nelke (1), Gewöhnlicher Beinwell (2), Echtes Leinkraut (3), Gewöhnlicher Natternkopf (4), Hohes Fingerkraut (5), Mehlige Königskerze (6), Strauchiger Hufeisenklee (7), Gewöhnliche Nachtkerze (8), Gelber Wau (9)

Bild-Index *P = Blüten-Porträt*

Literaturverzeichnis

Margot und Dr. Roland Spohn: Was blüht denn da?, Franckh-Kosmos-Verlags-GmbH; 2008

Ansgar Hoppe: Blumen der Alpen, Franckh-Kosmos-Verlags-GmbH; 2012

Xaver Finkenzeller: Alpenblumen, Eugen Ulmer KG; 2010

Internet: www.blumeninschwaben.de, www.gerhard.nitter.de

Impressum

frischluft | edition
Verlag GbR
Raiffeisenstraße 2
D-83629 Neukirchen bei Weyarn

Telefon   +49/8020/9045-42
Telefax   +49/8020/9045-43
E-Mail   info@frischluftedition.de
Internet   www.frischluftedition.de

Autor   Michael Reimer
Grafikdesign   Katrin Susanne Baur
Druck/Repro   Lanadruck GmbH

Bildnachweis
Alle Bilder stammen von Michael Reimer.
Ausnahmen:
Katrin Susanne Baur: S. 4l/r,8u/l,28(1)(12)(13)(16)(17)(18),29(5)(6)(8)(9),30(7)(13)(8)(16),31(4)(11)(21),32(1)(2)(13),33(3)(5)(9)(14)(18)(19)(20),35,38,39,45,51,58(3)(7)(8)(16),59(5),60(8),61(4),62(12)(13),63(11)(15)(19),65lo,70,76,83,92(12)(13)(18),93(6),94(2),136(2),137,138,154l,156,157(8),U1(HM)

ISBN 978-3-9814605-4-4

1. Auflage: © 2013 frischluft | edition, Verlag GbR
Alle Rechte vorbehalten.

MIX
Papier aus verantwortungsvollen Quellen
FSC® C016410

Gedruckt auf chlorfrei gebleichtem Papier